KB153680

중국의 음식디미방

수원식단隨園食單

중국의
음식디미방

수원식단隨園食單

저자 원매袁枚
번역 박상수朴相水

도서출판
수류화개

해제[1]
원매袁枚와《수원식단隨園食單》

1. 명·청시대 음식 인식의 대전환

명·청시대 문인들은 소설이나 희곡 등 주변문학에 대한 인식이 급
증하였고, 자연스럽게 요리에까지 글쓰기의 외연이 확장되었다. 원
매(1719~1797) 이전에도 음식에 관해 이어李漁(1611~1685), 장대張岱
(1597~1676), 주이준朱彝尊(1629~1709) 등의 기록이 있었다. 이러한 배경
에는 경제적 성장으로 인한 음식을 바라보는 인식의 대전환이 있었다.
명나라 말기 가흥현嘉興縣의 풍조를 기록한 부잣집과 사대부 집안의

---

1 본 해제는 '백광준(2008), 〈원매와 요리책〉《중국문학》 56권'과 '우런수 지음, 김의정 외
  옮김(2018), 《사치의 제국》, 제6장 문인 품격의 진화와 지속: 음식문화를 사례로'를 상
  당 부분을 인용하고 정리한 것이다.

《승오보술承吳補述》에 다음과 같이 기록하고 있다.

> 내 삶의 초창기에는 풍속이 검소하고 소박하며 백성들은 순수하고 성실하여 잘되는 집안이 많았다. 십 년이 채 되지 않아 풍속이 사치스럽고 방탕해져서 사람들은 잘난 체하고 거만하며, 사치한 음식을 차려놓는 집이 손으로 꼽을 수도 없었다. …… 집안이 겨우 먹고 살 수준인데도 음식을 차릴 때 번번이 산해진미를 늘어놓으니 가산을 탕진하게 된다.

이후 청나라 중엽 진굉모陳宏謀는 《풍속조약風俗條約》에서 강남 연회의 심한 사치 풍조를 이렇게 적고 있다.

> 연회는 모여 즐기는 것이므로 음식은 입에만 맞으면 된다. 어찌 음식의 진귀함을 경쟁하여 과시하겠는가? 모두 희귀하고 기이한 것을 숭상하여 산해진미 중에서도 각 재료에 맞는 요리법을 따져 여러 음식을 내놓으니 연회 한 번에 많은 비용을 쓴다. 작은 모임에서도 중인들이 일 년 동안 버는 돈을 쓰니 욕망을 드러내는 것은 한 때뿐이고 배부르게 먹는 것에는 한계가 있어, 쓸데없이 사치스럽다는 이름만 얻고, 아까운 사물을 낭비하는 죄를 거듭 짓게 된다.

2. 요리 서적의 출판 경향

중국 요리 서적의 전체를 보면, 명·청시대에 출간된 자료가 전체에서 차지하는 비중이 약 3분의 2가량이나 된다. 명나라 때 출간된 음식에 관련한 자료를 몇 가지로 나누어 보면 다음과 같다.

첫째, 일반적으로 '일용유서日用遺書'라고 불리는 백과사전식으로 구성된 서적인데, 양생養生을 목적으로 저술한 《편민도찬便民圖纂》, 《거가필용사류전집居家必用事類全集》, 《묵아소록墨娥小錄》, 《고금비원古今秘苑》과 유기劉基의 《다능비사多能鄙事》 등이 있다.

둘째, 고렴高濂의 《준생팔전遵生八牋》, 주이정朱履靖의 《군물기제群物奇制》, 이어李漁의 《한정우기閑情偶奇》 등에서는 부분적으로 요리에 관련된 자료를 정리하였다.

셋째, 요리만을 전문적으로 저술한 한혁韓奕의 《역아유의易牙遺意》, 송후宋詡의 《송씨양생부宋氏養生部》, 용준서龍遵敍의 《음식신언飮食紳言》 등이 있다.

이외에도 육용陸容의 《숙원잡기菽園雜記》, 양신楊愼의 《승암외집升庵外集》, 사조제謝肇淛의 《오잡조五雜組》 등이 있지만 수필의 형식으로 기록되어 요리책이라고 하기에는 부족한 면이 없지 않다.

명나라 중엽 이후 강남 지역은 많은 문인 사단이 결성된 문화의 중심지, 또 인쇄의 중심지이기도 하였다. 장대張岱의 《노도집老饕集》 서문에 "내 부친과 무림의 포함소包涵所·황정보黃貞父와 함께 음식사飮食社를 결성하여 바른 맛을 연구하였다."라고 한 것을 통해서도 당시의 풍조를 확인할 수 있다. 그중 건륭乾隆 57년(1792)에 출간된 원매의 《수원식단》은 청나라에 가장 큰 영향력을 끼친 요리책이라고 할 수 있다. 그는 당시 음식 풍조에 대하여 매우 깊이 있게 관찰하고 체험하여 '귀로 먹는 것[耳餐]'를 통해 구체적으로 비평하였다.

무엇을 이찬耳餐이라고 하는가? 이찬이란 맹목적으로 요리의 이름만 추구하는 것이다. 귀한 음식의 이름만 탐하고 과장되게 손님을 공경하는 뜻을 드러내는 것으로, 이것은 귀로 먹는 것이지 입으로 맛보게 하는 것은 아니다. 맛있는 두부는 제비집보다 훨씬 맛이 뛰어나고, 맛없는 해물은 신선한 나물이나 죽순보다 못한 줄 모른다. …… 내가 일찍이 어느 태수의 잔치에 손님으로 초청을 받은 적이 있는데, 항아리만한 큰 그릇에 맹물로 삶은 제비집 4냥(150g)을 내왔는데 조금도 맛이 없었지만 사람들은 다투어 그 맛을 칭찬하였다. 내가 웃으며 말하기를 "우리가 이곳에 제비집을 먹으러 왔지 제비집을 팔러 온 것은 아니다."라고 하였다. 양만 많아 팔 수 있지 맛이 없어 먹을 수 없으니 아무리 많아도 무슨 소용인가? 만약 한갓 체면치레라면 그릇에 백금의 값어치가 있는 100알의 구슬을 담아 두는 것만 못하다. 먹을 수 없는 것을 어찌 하겠는가?

원매가 비평한 '귀로 먹는 것'이란 당시 고가의 진귀한 식재료 연회를 베풀어 거짓 명성을 얻는 풍조를 말한다. 어느 태수의 잔치에 초대를 받은 사례를 들어, 태수는 큰 그릇에 4냥밖에 안되는 제비집을 요리한 것을 호화롭게 여기고 체면이라 생각했지만, 원매는 오히려 '조금도 맛이 없었다'라고 하였다. 그래서 이러한 연회는 단지 칭찬을 듣기 위해 과장한 '귀로 먹는 것'이지 진정으로 음식의 맛을 즐기는 '입으로 먹는 것[口餐]'이 아니라고 여긴 것이다.

3. 《수원식단》의 구성

이 책은 14가지의 요리군과 362종의 다양한 요리 방법이 수록되어 있는데, 자세한 내용은 아래와 같다.

권수	요리항목	요리 이름	종수
권1	요리사가 반드시 알아야 하는 항목	1.먼저 식재료의 성질에 대하여 반드시 알아야 한다 2.양념에 대하여 반드시 알아야 한다 3.씻는 방법에 대하여 반드시 알아야 한다 4.양념의 조합에 대하여 반드시 알아야 한다 5.배합하는 재료에 대하여 반드시 알아야 한다 6.한 가지 식재료만 사용해야 함을 반드시 알아야 한다 7.화력과 요리하는 시간에 대하여 반드시 알아야 한다 8.색과 향에 대하여 반드시 알아야 한다 9.요리하는 속도에 대하여 반드시 알아야 한다 10.변화되는 음식 맛에 대하여 반드시 알아야 한다 11.음식을 담는 그릇에 대하여 반드시 알아야 한다 12.요리를 올리는 방법에 대하여 반드시 알아야 한다 13.제철에 맞는 식재료 사용에 대하여 반드시 알아야 한다 14.재료의 양에 대하여 반드시 알아야 한다 15.청결함에 대하여 반드시 알아야 한다 16.콩가루를 사용하는 방법에 대하여 반드시 알아야 한다 17.식재료를 선택하는 방법에 대하여 반드시 알아야 한다 18.유사한 맛의 차이에 대하여 반드시 알아야 한다 19.잘못된 요리를 바로잡는 방법에 대하여 반드시 알아야 한다 20.자신의 본분을 반드시 알아야 한다	20
	요리사가 경계해야 하는 항목	1.따로 기름을 끼얹는 것을 경계하라 2.한 솥에 모두 넣어서 끓이는 것을 경계하라 3.귀로 먹는 것을 경계하라 4.눈으로 먹는 것을 경계하라 5.건강부회하는 것을 경계하라 6.지체되는 것을 경계하라 7.함부로 낭비하는 것을 경계하라 8.지나치게 술에 취하는 것을 경계하라 9.신선로 요리를 할 때 경계하라 10.강요하는 것을 경계하라 11.기름이 빠져나가는 것을 경계하라 12.고정된 틀에 얽매이는 것을 경계하라 13.혼탁한 것을 경계하라 14.대충 요리하는 것을 경계해야 한다	14
	해물에 대한 항목	1.제비집 2.해삼을 요리하는 세 가지 방법 3.상어지느러미를 요리하는 두 가지 방법 4.전복 5.홍합 6.멸치 7.오징어 알 8.꼬막 9.굴	9

권수	요리항목	요리 이름	종수
	민물고기에 대한 항목	1.웅어를 요리하는 두 가지 방법 2.준치 3.철갑상어 4.황어 5.복어 6.게살 맛 황어살	6
권2	돼지고기에 대한 항목	1.돼지 머리를 요리하는 두 가지 방법 2.돼지 족발을 요리하는 네 가지 방법 3.돼지 발가락과 힘줄 4.돼지의 위(오소리 감투)를 요리하는 두 가지 방법 5.돼지 폐를 요리하는 두 가지 방법 6.돼지 콩팥을 요리하는 방법 7.돼지안심살 8.돼지고기 수육 9.홍외육을 만드는 세 가지 방법 10.백외육 11.기름에 튀긴 돼지 고기 12.물 없는 돼지고기찜 13.개완장육 14.자담장육 15.탈사육 16.돼지고기 육포 17.회퇴 조림 18.건어물 돼지고기 조림 19.쌀가루 묻힌 돼지고기찜 20.훈제 졸임 돼지고기 21.부용육 22.여지육 23.팔보육 24.유채줄기 돼지고기조림 25.채 썬 돼지고기볶음 26.얇게 편 썬 돼지고기볶음 27.팔보육완자 28.속 빈 돼지고기 완자 29.돼지고기튀김 30.돼지고기 장조림 31.술지게미에 절인 돼지고기 32.속성으로 절인 돼지고기 33.윤문단공 집안의 풍육 34.고향의 돼지고기 35.죽순화퇴 36.애저구이 37.돼지고기구이 38.돼지갈비 39.나사육 40.단주의 세 가지 돼지고기 요리법 41.양명부의 돼지고기 완자 42.황아채를 넣은 화퇴조림 43.꿀화퇴	43
	여러 가지 짐승에 대한 항목	1.소고기 2.소혀 3.양머리 4.양족발 5.양고기국 6.양위장탕 7.붉게 졸인 양고기 8.채 썬 양고기볶음 9.양고기구이 10.통양요리 11.사슴고기 12.사슴 근육을 요리하는 두 가지 방법 13.노루고기 14.흰코사향고양이 15.유유 맛 계란 흰자찜 16.사슴꼬리	16
	가금류에 대한 항목	1.물에 삶아 얇게 썬 닭고기 2.닭 다리 잣완자 3.닭튀김 4.닭죽 5.초계 6.추계 7.얇게 썬 닭고기볶음 8.어린 닭고기 9.간장 발라 말린 닭 10.깍둑 썬 닭고기 11.닭고기완자 12.표고버섯 닭볶음 13.배닭볶음 14.꿩고기 맛 닭 15.황아채 닭볶음 16.밤닭볶음 17.여덟 조각 닭고기구이 18.진주완자 19.폐결핵을 치료하는 황기찜닭 20.진하게 졸인 닭고기 21.장어사의 닭요리 22.당정함의 닭요리 23.닭간 24.닭피 25.닭고기채 26.술지게미에 절인 닭고기 27.닭콩팥 28.계란 29.꿩 요리 다섯 가지 30.붉게 졸인 닭고기 31.표고버섯 닭조림 32.비둘기 33.비둘기알 34.들오리 35.오리찜 36.오리죽 37.오리수육 38.오리포	41

권수	요리항목	요리 이름	종수
		39.오리 갈고리구이 40.오리구이 41.도가니 오리찜 42.들오리 완자 43.서압 44.참새조림 45.메추라기와 꾀꼬리조림 46.운림 의 거위 47.거위구이	
	비늘이 있는 물고기에 대한 항목	1.변어 2.붕어 3.백어 4.쏘가리 5.가물치 6.어송 7.생선완 자 8.생선편 9.연어두부 10.초루어 11.은어 12.태주의 건어 13.조상 14.새우알 밴댕이 15.물고기포 16.일상식 생선지짐 17.황고어	17
	비늘이 없는 물고기에 대한 항목	1.장어탕 2.붉게 졸인 장어 3.장어튀김 4.생자라볶음 5.자라 간장볶음 6.뼈 있는 자라 7.소금 자라 8.자라조림 9.전각 자 라 10.드렁허리탕 11.드렁허리볶음 12.드렁허리조림 13.새우 완자 14.새우전병 15.술 먹인 새우 16.새우볶음 17.게 18.게살 국 19.게살볶음 20.껍질 벗긴 게찜 21.참조개 22.새꼬막 23.대 합 24.정택궁 집의 말린 맛조개 25.신선한 맛조개 26.개구리 27.훈제계란 28.찻잎계란	28
권3	여러 가지 소채에 대한 항목	1.장시랑 집의 두부 2.양중숭 집의 두부 3.장개 집의 두부 4.경원 두부 5.연꽃두부 6.왕태수 집의 팔보두부 7.정립만 집 의 두부 8.얼린두부 9.새우기름두부 10.쑥갓 11.고사리 12.지 이버섯 13.곰보버섯 14.김 15.진주채 16.소소아 17.부추 18.미 나리 19.콩나물 20.줄풀 21.청경채 22.유채 23.배추 24.황아채 25.표아채 26.시금치 27.마고버섯 28.송이버섯 29.면근을 요 리하는 두 가지 방법 30.가지를 요리하는 두 가지 방법 31.비 름국 32.토란국 33.두부피 34.까치콩 35.박과 오리 36.목이버 섯과 표고버섯조림 37.동아 38.신선한 마름조림 39.동부콩 40.세 가지 죽순탕 41.토란 배추조림 42.풋콩 43.마란 44.버 들개지 45.채썬 문정순 46.닭 다리 마고버섯볶음 47.돼지기름 무볶음	47
	반찬에 대한 항목	1.죽순포 2.천목순 3.옥란편 4.소화퇴 5.선성 죽순포 6.인삼죽 순 7.죽순기름 8.술지게미기름 9.새우알기름 10.나호장 11.훈 제물고기알 12.배추와 황아채절임 13.상추 14.향건채 15.동개 16.춘개 17.겨자뿌리 18.지마채 19.마른 두부채 20.풍별채 21.조 채 22.산채 23.유채심 24.무청 25.무 26.유부 27.장에 볶은 세 종류의 견과류 28.간장에 절인 우뭇가사리 29.우뭇가사리묵 30.송이버섯 31.고등 32.해파리 33.어린 숭어 34.장에 절인 생 강 35.간장에 절인 오이 36.햇누에콩볶음 37.절인 계란 38.계 란흰자찜 39.줄풀포 40.우수의 건두부 41.간장에 절인 오이	41

권수	요리항목	요리 이름	종수
권4	딤섬에 대한 항목	1.장어면 2.온면 3.드렁허리면 4.치마끈면 5.소면 6.도롱이떡 7.새우떡 8.얇은 떡 9.송편 10.쥐꼬리면 11.전불릉[고기만두] 12.고기혼돈 13.부추전병 14.면의 15.구운 떡 16.천층만두 17.면차 18.락 19.분의 20.댓잎떡 22.무탕원 23.수분탕원 24.돼지기름떡 25.눈꽃떡 26.연향고 27.백과고 28.율고 29.청고와 청단 30.합환병 31.병아리콩떡 32.병아리콩죽 33.금단 34.연근가루와 백합가루 35.마단 36.토란가루경단 37.익힌 연근 38.햇밤과 햇마름 39.연밥 40.토란 41.소미인의 딤섬 42.유방백의 월병 43.도방백의 십경딤심 44.양중승의 서양병 45.누룽지튀김 46.찹쌀누룽지 47.삼층옥대고 48.운사고 49.사고 50.작은 만두와 작은 혼돈 51.설중고 만드는 방법 52.소병 만드는 방법 53.천연병 54.화변월병 55.만두 만드는 방법 56.양주 홍부 종자	56
	밥과 죽에 대한 항목	1.밥 2.죽	2
	차와 술에 대한 항목	1.차 1-1.무이차 1-2.용정차 1-3.상주 양선차 1-4.동정 군산차 2.술 2-1.금단우주 2-2.덕주노주 2-3.사천비통주 2-4.소흥주 2-5.호주남심주 2-6.상주 난릉주 2-7.율양 오반주 2-8.소주진삼백주 2-9.금화주 2-10.산서분주	16
	총14항목		총 362

　　원매는《수원식단》의 첫머리에 일종의 개론이라고 할 수 있는 글을 두어 요리를 대하는 태도를 포괄적으로 기술하였다. 그중 첫 번째로 '식재료의 성질에 대하여 제일 먼저 알아야 한다[先天須知]'고 강조하고 있다.

　　모든 물건에는 제각기 타고난 성질이 있으니, 이는 마치 사람이 각자 타고난 성품이 있는 것이나 마찬가지이다. 사람의 타고난 성품이 우매하다면 아무리 공자나 맹자가 그를 가르친다고 하더라도 아무런 보탬이 없을 것이고, 재료의 본성이 좋지 않다면 아무리 역아易牙가 요리를 하더라도 맛이 없을 것이다.

식재료는 모든 음식의 기본이며 맛을 결정짓는 기준이 된다. 때문에 각 재료의 성질이나 자라는 환경에 따라 요리하는 방법을 달리해야 한다고 하였다. 때문에 요리의 완성에서 요리사의 공로가 60%라면 올바른 재료의 선택이 40%를 차지한다고 하였다. 이러한 요리에 대한 인식은 오늘날 값비싼 재료의 범벅이 아닌 재료의 본맛을 살린 것이야 말로 최상의 요리가 됨을 강조한 것이다.

4. 요리에 대한 적극적 자세

원매는 초대를 받아 대접받은 음식이 맛이 있으면 적극적으로 배우기를 자청하고 이를 기록으로 남겼다.

> 내가 평소 이러한 뜻을 사모하여 매번 모씨某氏 집에서 배부르게 음식을 먹을 때면 반드시 우리 집의 요리사를 그 집 주방에 보내 제자의 예를 갖춰 배우게 하였다. 이렇게 40년 동안 자못 많은 맛있는 요리법을 수집하였다. 요리하는 방법을 배워서 완성한 것도 있고, 10% 중에 6~7%를 터득한 것도 있으며, 겨우 2~3%를 터득한 것도 있고, 또 마침내 완전히 요리법을 잊어버린 것도 있다. 내가 모두에게 그 방법을 묻고 모아서 글로 남겨두었다.
>
> – 〈수원식단 서문〉

> 우연히 신명부新明府에서 만든 만두를 먹어보았는데, 눈처럼 희면서 고운 밀가루는 은빛이었으며 북방의 밀가루를 사용하였기 때문이라고 생각하였다. …… 요리사를 불러와 가르쳐 주기를 요청하였지만 배워보아도 끝

내 밀가루가 부드러워지지 않았다.

- 권4 〈딤섬에 대한 항목〉 55.만두 만드는 방법

원매는 적극적인 자세로 요리의 참맛을 기록으로 남기려고 노력하였다. 이러한 태도는 소비 풍조가 팽배했던 시대(청나라)와 지역(강남)이 함께 주어지면서 음식을 즐기던 환경과 이를 비평하는 자세를 동시에 가짐으로써 사대부의 역할을 방기하지 않은 것이다.

5. 원매의 요리인식

음식 서적의 출현은 매우 오래되었지만 명·청 때처럼 대량 출간된 적은 없었다. 명나라 말기에서 청나라 중엽은 음식의 소비에 있어 검소함에서 사치스러움으로 변화하는 음식 문화로 말미암는데, 음식이 점차 사람들에게 중시됨과 동시에 사회경제적 환경이라는 외적 요인이 반영된 것이다. 이러한 풍조가 중국 강남의 출판문화에 영향을 끼쳐 음식에 관련된 서적도 대량으로 간행되었다.

이 무렵 간행된 《수원식단》은 이전에 출간된 그 어떤 음식 서적보다 내용이 방대하면서도 다양한 요리법을 소개하고 있다. 명나라 때는 주로 채식을 우선으로 강조하였다면, 청나라에서 들어와서는 제비집, 해산, 상어지느러미 등 다양한 요리법을 소개함과 동시에 육식이 채소만 못하다고 여겼다. 이는 청나라 학자 양장거梁章鉅가 말한 《수원식단》의 평가에서도 확인할 수 있다.

《수원식단》에서 중요시하는 조리법은 대개 항상 채소를 먹고 산해진미가 없어도 우아한 사람의 깨끗한 정취를 잃지 않는 것이다

이는 문인들의 이상이 기이하지 않고 평범한 식재료 속에서 그 진미를 발굴하는 데 있으며 마치 불교에서 참선을 통해 도를 깨우치듯 이러한 도리를 깨닫는 사람이 바로 이상적인 문인이 되는 길임을 인식한 것이다.

권 1

권 2

일러두기

1. 《속수사고전서續修四庫全書 1115》 〈자부子部 보록류譜錄類〉에 있는 청淸 가경원년
   嘉慶元年 소창산방각본小倉山房刻本을 저본으로 하고, 청淸 건륭임자乾隆壬子 소창
   산방장판본小倉山房藏版本과 수원장판본隨園藏版本을 부본으로 하였다. 단 오자
   는 중국의 중화서국中華書局·강소봉황문예출판사江蘇鳳凰文藝出版社·중국경공업
   출판사中國輕工業出版社와 일본의 시전서점柴田書店·암파문고岩波文庫 등에서 출
   간된 《수원식단隨園食單》을 참고하여 바로잡았다.

2. 원주原注는 【 】로 표시하였다.

수원식단서隨園食單序

　시인이 주공周公을 찬미하여 "제기가 질서정연하게 놓여 있네."[1]라고 하였고, 범백凡伯을 미워하여 "저것은 거친 쌀이고 이것은 고운 쌀이다."[2]라고 하였으니, 옛날 사람들이 음식에 관하여 이처럼 중요하게 생각한 것이다. 기타 《주역周易》에서는 '정형鼎亨'[3]을 일컫고, 《서경書經》에서는 "염매鹽梅"[4]를 일컬었으며, 《논어論語》〈향당鄕黨〉과 《예기禮記》〈내칙內則〉에서도 자질구레하게 음식에 관하여 말을 하였다. 맹자는 비록 음식을 달게 먹는 사람(주린 배만 채우려는 사람)을 천하게 여겼지만[5], 또 배

---

1 제기가……있네 : 《시경詩經》〈소아小雅 벌목伐木〉에 "제기가 가지런하게 놓여 있으니, 형제들이 먼 사람 할 것 없이 모두 왔도다. 사람들이 덕을 잃는 것은, 마른밥 때문에 허물이 생긴다네. 술이 있거든 내 술을 거를 것이며, 술이 없으면 내 사올 것이네.[伐木于阪, 釃酒有衍. 籩豆有踐, 兄弟無遠. 民之失德, 乾餱以愆. 有酒湑我, 無酒酤我.]"라는 구절이 있다.

2 저것은……쌀이다 : 《시경詩經》〈대아大雅 소민召旻〉에 "저것은 거친 쌀이고 이것은 고운 쌀이다. 어찌 스스로 그만두지 않는가? 근심만 늘어나네.[彼疏斯粺, 胡不自替. 職兄斯引?]"라는 구절이 있다.

3 정형 : 《주역周易》 정괘鼎卦에 "정괘는 크게 길하고 형통하다.[鼎元吉亨]"라는 구절이 있다.

4 염매 : 《서경書經》〈열명說命 하下〉에 "만약 양념을 넣은 국을 만들려거든 그대가 소금과 매실초가 되어 주오.[若作和羹, 爾惟鹽梅.]"라는 구절이 있다. 여기서 '梅'는 매실로 만든 식초를 말한다.

5 음식을……여겼지만 : 《맹자孟子》〈진심盡心 상上〉에 "굶주린 자는 어떤 것이든 달게

고프고 목이 마르면 음식의 바른 맛을 모른다고 말하였다. 이를 통해 보
자면 모든 일을 반드시 하나의 기준으로만 구하는 것은 쉽사리 말할 수
있는 것이 아니다.

《중용中庸》에서 "음식을 먹지 않는 사람이 없지만 그 맛을 아는 사람
이 드물다."라고 하였고, 《전론典論》에 "한 세대에 걸쳐 존귀한 사람은
거처를 꾸밀 줄 알고, 삼대에 걸쳐 존귀한 사람은 의복과 음식을 즐길
줄 안다."라고 하였다. 옛날 사람들은 생선이나 동물의 떼어낸 폐를 상
에 올릴 때⁶도 모두 정해진 법도가 있어 건성으로 하지 않았다. "공자는
사람들과 노래를 할 때 다른 사람이 노래를 잘하면 반드시 다시 부르게
하신 다음 화답의 노래를 부르셨다."⁷라고 하였다. 성인은 하나의 하찮
은 기예에 대해서도 훌륭한 점을 남에게서 취한 것이 이와 같았다.

내가 평소 이러한 뜻을 사모하여 매번 모씨某氏 집에서 음식을 먹을
때, 그 맛이 만족스러우면 반드시 우리 집의 요리사를 그 집 주방에 보
내 제자의 예를 갖춰 배우게 하였다. 이렇게 40년 동안 자못 많은 맛있
는 요리법을 수집하였다. 요리하는 방법을 배워서 완성한 것도 있고,
10% 중에 6~7%를 터득한 것도 있으며, 겨우 2~3%를 터득한 것도 있

먹고 목마른 자는 어떤 것이든 달게 마신다. 이는 음식의 올바른 맛을 알지 못하는 것
으로, 굶주림과 목마름이 해쳤기 때문이다.[饑者甘食, 渴者甘飮, 是未得飮食之正也,
饑渴害之也.]"라는 구절이 있다.

6 생선이나……올릴 때 : '鬐'는 생선의 등지느러미가 있는 쪽인데, 생선을 상에 올릴 때
에는 이 등 부분을 앞으로 하여 올린다. '離肺'는 심승의 허파를 두 개로 잘라 하나는
거폐擧肺, 하나는 제폐祭肺라 한다. 허파를 떼어낸 다음 중앙 부분을 완전히 분리시
키지 않고 조금 연결시킨 것을 거폐라 하는데 이것은 사람이 먹기 위한 것이며, 완전
히 분리시킨 것을 제폐라 하는데 이것은 오직 제祭에만 사용한다.

7 공자는……부르셨다 : 《논어論語》〈술이述而〉에 나오는 구절이다.

고, 또 마침내 완전히 요리법을 잊어버린 것도 있다. 내가 모두 그 요리법을 묻고 모아서 글로 남겨두었다. 비록 자세히 기억하지는 못하지만 '어느 집 요리는 어떤 맛이다.'라는 것을 기록하여 공경의 뜻을 드러내었다. 스스로 느끼기에 배우기를 좋아하는 마음에 마땅히 이래야 된다고 생각한다.

비록 옛날의 죽은 요리법으로 살아있는 요리사에게 제한을 두어 가둘 수도 없고 이름난 사람이 지은 글도 많은 잘못이 있어 오로지 옛 책에서 그 방법을 찾을 수도 없지만, 옛 법을 따르면 끝내 큰 오류는 없고 임기응변으로 음식을 마련하더라도 쉽사리 남들의 이목을 끌기가 쉽다.

어떤 사람이 "사람의 마음이 다른 것이 마치 생김새처럼 제각각인데, 그대는 천하의 입맛이 모두 그대의 입맛이라고 장담할 수 있소?"라고 하기에, 내가 "'도끼자루를 쥐고서 도끼자루 재목을 베는 사람이여! 손에 쥔 도끼자루를 표준으로 삼으면 되지 먼 데서 찾을 필요가 없다.'[8]라고 하였으니, 내가 아무리 억지로 천하 사람들의 입맛을 나와 같도록 하지는 못하지만 우선 나의 입맛을 미루어 남에게 미치고자 하니, 그렇게 한다면 음식이 비록 하찮은 것이라도 내가 충서忠恕의 도는 이미 다 하였으니 나이게 무슨 유감이 있겠는가?"라고 하였다. 《설부說郛》에 실린 음식 관련의 글은 30여 종으로 미공眉公과 입옹笠翁[9] 또한 말한 것이 있다. 일찍이 직접 이 요리법대로 음식을 만들어 보니, 모두 코를 찌르고 입맛을 상하게 하였으니 대부분 학식이 낮은 유생들이 견강부회한 것들

---

8 도끼자루를……없다 : 《시경詩經》〈빈풍豳風 벌가伐柯〉에 나오는 구절이다.

9 미공과 입옹 : '미공眉公'은 진계유陳繼儒(1558~1639)의 호이고, '입옹笠翁'은 이어李漁(1611~1679)의 자이다.

로, 나는 취하지 않는다.

詩人美周公而曰: "籩豆有踐", 惡凡伯而曰 "彼疏斯粺." 古之於飮食也, 若是重乎! 他若《易》稱鼎亨,《書》稱鹽梅, <鄕黨>·<內則>瑣瑣言之, 孟子 雖賤飮食之人, 而又言饑渴未能得飮食之正. 可見凡事須求一是處, 都非 易言.

《中庸》曰: "人莫不飮食也, 鮮能知味也."《典論》曰: "一世長者知居處, 三 世長者知服食." 古人進饔離肺, 皆有法焉, 未嘗苟且. 子與人歌而善, 必 使反之, 而後和之. 聖人於一藝之微, 其善取於人也如是. 余雅慕此旨, 每 食於某氏而飽, 必使家廚往彼竈觚, 執弟子之禮, 四十年來, 頗集衆美. 有 學就者, 有十分中得六七者, 有僅得二三者, 亦有竟失傳者. 余都問其方 略, (來)[集]^{10}而存之, 雖不甚省記, 亦載某家某味, 以志景行. 自覺好學之 心, 理宜如是.

雖死法不足以限生廚, 名手作書, 亦多有出入, 未可專求之於故紙; 然能 率由舊章, 終無大謬, 臨時治具, 亦易指名.

或曰: "人心不同, 各如其面, 子能必天下之口皆子口乎?" 曰: "執柯以伐 柯, 其則不遠. 吾雖不能强天下之口與吾同嗜, 而姑且推己及物, 則飮食 雖微, 而吾於忠恕之道, 則已盡矣, 吾何憾哉!" 若夫《說郛》所載飮食之書 三十餘種, 眉公·笠翁亦有陳言; 曾親試之, 皆闕於鼻而蜇於口, 大半陋儒 附會, 吾無取焉.

---

10 (來)[集] : 저본에는 '來'로 되어 있으나, 원매의《소창산방문집小倉山房文集》권28 〈수 원식단서隨園食單序〉에 의거하여 '集'으로 바로잡았다.

권 1

I.
요리사가 반드시 알아야 하는 항목

학문을 탐구하는 도는 먼저 알고 난 다음에 실천으로 옮기니 음식도 그러하다. 그래서 '요리사가 반드시 알아야 하는 항목'을 짓는다.

須知單

學問之道, 先知而後行, 飲食亦然. 作〈須知單〉.

1. 먼저 식재료의 성질에 대하여 반드시 알아야 한다

모든 물건에는 제각기 타고난 성질이 있으니, 이는 마치 사람이 각자 타고난 성품이 있는 것이나 마찬가지이다. 사람의 타고난 성품이 우매하다면 아무리 공자나 맹자가 가르친다고 하더라도 아무런 보탬이 없을 것이고, 식재료의 성질이 좋지 않다면 아무리 역아易牙[1]가 요리를 하더라도 맛이 없을 것이다. 그 대략을 가리키면 다음과 같다.

돼지는 껍질이 얇은 것이 좋고 누린내가 나는 것을 사용해서는 안 되며, 닭은 거세하여 살이 연한 것이 좋고 노계나 영계를 사용해서는 안 된다. 붕어는 납작하면서도 배가 흰 것이 좋다. 붕어의 등이 검으면 뼈가 억세어 반드시 접시에 놓았을 때 단단해 보인다. 장어는 호수나 계곡에서 헤엄치며 자란 것이 귀하고 강에서 자란 것은 반드시 뼈마디가 어지럽게 꼬여있다. 곡식을 먹여 키운 오리는 육질이 기름지고 색깔이 희다. 퇴적된 흙에서 자란 죽순은 마디가 적고 맛이 달고 신선하다. 같은 화퇴火腿[2]라도 좋고 나쁨이 천양지차가 나며, 같은 태상台鯗[3]이라도 좋고 나쁨이 얼음이나 숯불만큼이나 현격히 차이가 난다. 기타 각종 식재료들은 이런 식으로 미루어 알 수 있다.

대체로 말하자면 한자리의 맛있는 요리라도 요리사의 공로가 60%를

---

1 역아 : 춘추시대 제齊나라 환공桓公의 총신으로, 요리를 잘하고 음식의 맛을 잘 알았다고 한다. 《맹자孟子》〈고자告子 상上〉에 "맛에 대해서는 천하 사람들이 모두 역아를 기준으로 하였다.[至於味, 則天下期於易牙.]"라는 구절이 있다.

2 화퇴 : 소금에 절여 불에 훈제한 돼지 다리를 이르는 말로, '화육化肉'이라고도 한다.

3 태상 : 절강성 태주台州에서 생산되는 각종 말린 생선을 말한다.

차지하고 재료를 구입하는 공로가 나머지 40%를 차지한다.

先天須知

凡物各有先天, 如人各有資稟. 人性下愚, 雖孔·孟教之, 無益也; 物性不良, 雖易牙烹之, 亦無味也. 指其大略: 猪宜皮薄, 不可醒臊; 雞宜騙嫩, 不可老稚; 鯽魚以扁身白肚爲佳, 烏背者, 必崛强于盤中; 鰻魚以湖溪游泳爲貴, 江生者, 必槎枒其骨節; 穀餵之鴨, 其膹肥而白色; 壅土之笋, 其節少而甘鮮; 同一火腿也, 而好醜判若天淵; 同一台鮝也, 而美惡分爲氷炭. 其他雜物, 可以類推. 大抵一席佳餚, 司廚之功居其六, 買辦之功居其四.

2. 양념에 대하여 반드시 알아야 한다

요리사에게 있어 양념은 부녀자가 입는 옷이나 머리장신구와 같다. 비록 타고난 아름다움이 있고 곱게 화장을 하였더라도 남루한 옷을 입으면 서자西子[4]라도 자신의 용모를 드러내기 어려울 것이다. 요리를 잘하는 사람은 장은, 복장伏醬[5]을 사용하는데 우선 맛이 있는지 확인하고, 기름은 참기름을 사용하는데, 볶지 않고 짠 기름인지 볶은 후 짠 기름인지 반드시 살핀다. 술은 주양酒釀[6]을 사용하는데 술지게미는 반드시

---

4 서자 : 춘추시대 월越나라의 미녀 서시西施를 말한다. 전설에 의하면 범려范蠡가 오왕吳王 부차夫差에게 그녀를 보내 오나라를 패망케 하였다고 한다.

5 복장 : 가장 더운 삼복三伏 때 만든 장이나 간장을 이르는데, 더운 날씨로 인하여 발효가 잘되어 매우 맛이 좋다.

6 주양 : 찹쌀로 빚은 술로, '강미주江米酒'라고도 한다.

걸러서 제거하고, 식초는 쌀로 만든 것을 사용하는데 반드시 맑고 그윽한 맛이 나는 것을 구한다.

또 장은 맑은 것과 진한 것으로 나누어지고 기름은 동물성 기름과 식물성 기름으로 구별이 되며, 술은 신맛과 단맛의 차이가 있고 식초는 담근 지 오래된 것과 새로운 것의 다름이 있으니 한 치도 착오가 있어서도 안 된다. 나머지 파·산초·생강·계피·설탕·소금은 비록 많이 사용하지는 않지만 품질이 우수한 상등품을 골라서 갖추는 것이 좋다.

소주점蘇州店에서 파는 추유秋油[7]에 상·중·하 세 등급이 있다. 진강초鎭江醋[8]는 색깔이 비록 좋기는 하지만 맛이 그다지 시지 않아 식초의 본래 성질을 잃었다. 판포초板浦醋[9]가 제일이고 포구초浦口醋[10]가 그 다음이다.

作料須知

廚者之作料, 如婦人之衣服首飾也. 雖有天姿, 雖善塗抹, 而敝衣藍縷, 西子亦難以爲容. 善烹調者, 醬用伏醬, 先嘗甘否; 油用香油, 須審生熟; 酒用酒釀, 應去糟粕; 醋用米醋, 須求淸洌. 且醬有淸濃之分, 油有葷素之別, 酒有酸甜之異, 醋有陳新之殊, 不可絲毫錯誤. 其他蔥·椒·薑桂·糖·鹽, 雖用之不多, 而俱宜選擇上品. 蘇州店賣秋油, 有上·中·下三等. 鎭江醋顔

---

7 추유 : 삼복 때 담갔다가 밤에 이슬이 내리는 입추 때 거른 간장을 말하는데, '모유母油'라고도 한다.

8 진강초 : 지금의 강소성江蘇省의 양자강 하류에 있는 곳으로, 이곳에서 생산되는 식초를 말한다.

9 판포초 : 지금의 강소성 연운항連雲港 판포진板浦鎭에서 생산되는 식초를 말한다.

10 포구초 : 지금의 강소성 남경南京 서북쪽에 있는 나루로, 이곳에서 생산되는 식초를 말한다.

色雖佳, 味不甚酸, 失醋之本旨矣. 以板浦醋爲第一, 浦口醋次之.

3. 씻는 방법에 대하여 반드시 알아야 한다

씻는 방법은 제비집[11]의 경우 털을 제거하고 해삼은 뻘을 제거한다. 상어지느러미[12]는 모래를 제거하고 사슴의 살코기는 누린내를 제거한다. 돼지고기는 근막을 제거하고 살을 발라야 연하고 오리의 고환은 누린내가 심하니 베어내어야 냄새가 나지 않는다. 생선의 쓸개가 터지면 온 접시에 담긴 음식에서 모두 쓴맛이 난다. 장어에 점액질이 남아있으면 그릇에 가득 비린내가 심하게 난다. 부추의 잎을 자르면 흰 줄기가 남아있고 채소의 가장자리 잎을 떼어내면 심지가 나온다. 《예기禮記》 〈내칙內則〉에서 "물고기는 머리에 있는 을乙자 모양의 뼈를 제거하고 자라는 항문을 제거한다."고 한 것이 이를 이른다. 속담에 "생선을 맛있게 먹으려면 흰 살이 나올 만큼 씻어야 한다."[13]라고 한 것도 이를 이른다.

---

11 세비집 : 바다제비의 둥지를 말한다. 바다제비는 늦봄부터 가는 해초나 부드러운 식물, 자기 몸의 털을 이용하여 입에서 나오는 침으로 반죽하여 집을 짓는다. 이 제비집은 진귀한 요리 재료로 쓰인다.

12 상어지느러미 : 중국의 대표적 고급 요리로 손꼽는 샥스핀shark's fin을 말한다.

13 생선을……한다 : 깨끗하게 씻지 않으면 비린내가 나기 때문에 이르는 말이다.

洗刷須知

洗刷之法, 燕窩去毛, 海參去泥, 魚翅去沙, 鹿筋去臊. 肉有筋瓣, 剔之則酥; 鴨有腎臊, 削之則淨; 魚膽破, 而全盤皆苦; 鰻涎存, 而滿碗多腥; 韭刪葉而白存, 菜棄邊而心出. <內則>曰: "魚去乙, 鼈去醜." 此之謂也. 諺云: "若要魚好喫, 洗得白筋出." 亦此之謂也.

4. 양념의 조합에 대하여 반드시 알아야 한다

양념을 조합하는 방법은 식재료를 살펴보고 한다. 술과 물을 함께 쓰는 것이 있고 물을 쓰지 않고 술만 쓰거나 술을 쓰지 않고 물만 쓰는 것도 있다. 소금과 장을 함께 쓰기도 하는데 소금을 쓰지 않고 간장만 쓰거나 간장을 쓰지 않고 소금만 쓰는 것도 있다. 식재료에 기름기가 너무 많을 경우 기름으로 먼저 굽기도 하고, 비린내가 너무 심할 경우 식초를 먼저 뿌려두기도 한다. 신선한 맛을 내기 위해 반드시 얼음사탕을 사용해야 하는 것이 있다. 물기가 적은 것을 귀하게 여기는 것은 맛이 안으로 스며들게 해야 하니 굽거나 볶는 식재료가 이것이고, 국물이 많은 것을 귀하게 여기는 것은 맛이 밖으로 우러나게 해야 하니 국물 위에 뜨는 식재료가 이것이다.

調劑須知

調劑之法, 相物而施. 有酒·水兼用者, 有專用酒不用水者, 有專用水不用

酒者; 有鹽·醬竝用者, 有專用淸醬不用鹽者, 有用鹽不用醬者; 有物太膩,
要用油先炙者; 有氣太腥, 要用醋先噴者; 有取鮮必用氷糖者; 有以乾燥
爲貴者, 使其味入於內, 煎炒之物是也; 有以湯多爲貴者, 使其味溢於外,
淸浮之物是也.

5. 배합하는 재료에 대하여 반드시 알아야 한다

  속담에 "자신의 딸을 살펴 사윗감을 고른다."[14]라고 하였다.《예기禮記》
〈곡례曲禮 하下〉에 "사람을 헤아려보려면 반드시 그와 함께 종유하는 무
리를 보라."는 말이 있다. 요리하는 방법이라고 어찌 다르겠는가?

  무릇 하나의 음식을 요리하는 데는 반드시 부재료가 필요하다. 맑은 것
에는 맑은 것으로 진한 것에는 진한 것으로 배합하고, 부드러운 것에는
부드러운 것으로, 딱딱한 것에는 딱딱한 것으로 배합해야 오묘한 조화가
있다. 그 가운데 고기 요리와 채소 요리에 모두 잘 어울리는 것으로는 버
섯·죽순·동아이다. 고기 요리에는 어울리지만 채소 요리에 어울리지 않
는 것으로는 파와 부추·회향茴香[15]·풋마늘이다. 채소 요리에는 어울리지
만 고기 요리에 어울리지 않은 것으로는 미나리·나리·작두콩이다.

  늘 사람들이 제비집 요리에 게살을 올려놓고 닭고기와 돼지고기에는

---

14 자신의……고른다 :《서호이집西湖二集》〈월하로착배본속전연月下老錯配本屬前緣〉에
   나오는 구절이다.
15 회향 : 산형과의 여러해살이풀이다. 열매로 기름을 짜거나 향신료나 약재로 쓴다.

나리를 올려두는 경우를 보는데, 이는 당요唐堯와 소준蘇峻[16]을 한자리에 마주보게 한 경우이니 너무 어긋나지 않은가? 또한 고기 요리와 채소 요리가 서로 교체하여 효과를 보는 경우가 있는데 생선이나 육류요리[葷菜]를 볶을 때는 식물성 기름을 쓰고, 채소 요리를 볶을 때는 동물성 기름을 쓰는 것이 이것이다.

配搭須知

諺曰: "相女配夫." 《記》曰: "儗人必於其倫." 烹調之法, 何以異焉? 凡一物烹成, 必需輔佐. 要使清者配淸, 濃者配濃, 柔者配柔, 剛者配剛, 方有和合之妙. 其中可葷可素者, 蘑菇·鮮笋·冬瓜是也. 可葷不可素者, 蔥·韭·茴香·新蒜是也. 可素不可葷者, 芹菜·百合·刀豆是也. 常見人置蟹粉於燕窩之中, 放百合於雞·猪之肉, 毋乃唐堯與蘇峻對坐, 不太悖乎? 亦有交互見功者, 炒葷菜, 用素油, 炒素菜, 用葷油是也.

6. 한 가지 식재료만 사용해야 함을 반드시 알아야 한다

맛이 너무 진한 것은 한 가지 식재료만 사용해야지 다른 식재료와 배합해서는 안 된다. 예컨대 이찬황李贊皇[17]과 장강릉張江陵[18] 같은 사람들은 반드시 단독으로 등용해야 그들의 재능을 다 발휘할 수 있는 것과

16 당요와 소준 : '당요'는 도당씨陶唐氏 요堯임금이고 '소준'은 서진西晉 때 반역을 일으켰다가 도간陶侃에게 죽은 인물로, 서로 어울리지 않는 음식 재료의 배합을 비유하여 이른 말이다.

같다. 식재료 가운데 장어와 자라, 게와 준치, 소고기와 양고기는 모두 그것만 먹어야지, 다른 식재료와 배합하여 먹으면 안 되니, 무엇 때문인가? 이러한 여러 식재료는 맛이 매우 풍부하여 식재료가 가진 힘이 매우 크지만 결함도 매우 많아 오미五味로 맛을 어우러지게 하고 힘을 다해 만들어야 그 식재료의 장점을 취하고 결함을 없앨 수 있다. 그러하니 어느 겨를에 본줄기의 끝단을 버린 채 마디 밖에서 가지가 자라게 하겠는가?[19]

금릉金陵[20] 사람들은 해삼을 자라에 배합하고 상어지느러미를 게살에 배합하기를 좋아하는데, 나는 이를 볼 때마다 눈살이 찌푸려진다. 자라와 게살의 맛, 해삼과 상어지느러미의 맛을 구분할 수 없을 뿐더러 해삼과 상어지느러미의 나쁜 맛이 자라와 게살의 맛이 해삼과 상어지느러미에 배어들고도 남기 때문이다.

17 이찬황 : 이덕유李德裕(787~849)를 말한다. 자는 문요文饒이다. '찬황'은 그가 살았던 지역이다. 당나라의 재상으로 문필에 뛰어나 한림학사翰林學士 등을 지냈다. 경학과 예법을 존중하고 귀족적 보수파로서 번진藩鎭을 억압하고, 위구르 등 외족을 격퇴하는 데 힘써 중앙집권의 강화를 꾀하였던 인물이다.

18 장강릉 : 장거정張居正(1525~1582)을 말한다. 자는 숙대叔大이고, 호는 태악太岳이며, 시호는 문충文忠이다. '강릉'은 그가 살았던 지역이다. 명나라 만력제萬曆帝의 신임을 받아 황제가 즉위한 직후부터 10년간 수보首輔의 자리에 앉아 국정의 대부분을 독단적으로 처리하고, 내외직으로 쇠퇴의 조짐을 보이던 명나라의 세력을 만회하였던 인물이다. 저서로 《서경직해書經直解》 등이 있다.

19 본줄기의……하겠는가 : 해당 음식의 기본이 되는 맛을 버린 채 다른 맛이 나도록 하는 것은 불가능함을 비유하여 이르는 말이다.

20 금릉 : 지금의 강소성江蘇省 남경南京을 말한다.

獨用須知

味太濃重者, 只宜獨用, 不可搭配. 如李贊皇·張江陵一流, 須專用之, 方
盡其才. 食物中, 鰻也, 鼈也, 蟹也, 鰣魚也, 牛羊也, 皆宜獨食, 不可加搭
配. 何也? 此數物者, 味甚厚, 力量甚大, 而流弊亦甚多, 用五味調和, 全
力治之, 方能取其長而去其弊. 何暇捨其本題, 別生枝節哉? 金陵人好以
海參配甲魚, 魚翅配蟹粉, 我見輒攢眉. 覺甲魚·蟹粉之味, 海參·魚翅分
之而不足; 海參·魚翅之弊, 甲魚·蟹粉染之而有餘.

7. 화력과 요리하는 시간에 대하여 반드시 알아야 한다

식재료를 익히는 방법은 화력과 요리하는 시간이 가장 중요하다. 지
지거나 볶을 때는 반드시 센 불을 사용해야 한다. 화력이 약하면 식재
료가 물러진다. 고거나 삶을 때는 반드시 뭉근한 불을 사용해야 한다.
불길이 세면 식재료가 마른다. 먼저 센 불을 사용하고 나서 뭉근한 불
을 쓰는 것은 식재료를 졸이기 위함이다. 단시간에 너무 센 불을 사용
하면 식재료의 겉은 타면서도 속은 익지 않는다.

삶을수록 연해지는 것은 콩팥·계란과 같은 종류이다. 살짝 삶으면 연
해지지 않는 것은 생선·꼬막·조개와 같은 종류이다. 돼지고기를 오랜
불에 조리하면 붉은 고기의 색이 검게 변하고, 생선류는 오랜 불에 조리
하면 탱탱한 육질도 흐물흐물한 육질로 변한다. 솥뚜껑을 자주 열면 거
품이 많아지고 향이 옅어진다. 불을 껐다가 다시 끓이면 기름기가 빠지

고 맛이 없어진다.

　도인은 금단金丹을 정련하여 구전단九轉丹[21]을 만드는 이를 신선이라 여기고, 유가에서는 지나치거나 미치지 않음이 없는 것을 중도中道라고 여겼다. 때문에 요리사가 화력과 시간을 잘 알고 신중하게 살핀다면 도에 가까울 것이다.

　생선은 먹을 때 살이 옥처럼 윤기가 나면서 희고 단단해서 흩어지지 않는 것이 탱탱한 육질이고, 살이 쌀가루처럼 윤기 없이 희면서 서로 달라붙지 않고 흩어지는 것이 흐물흐물한 육질이다. 신선한 생선을 신선한 맛이 나지 않게 요리하는 것은 매우 한스러운 일이다.

火候須知

熟物之法, 最重火候. 有須武火者, 煎炒是也; 火弱則物疲矣. 有須文火者, 煨煮是也; 火猛則物枯矣. 有先用武火而後用文火者, 收湯之物是也; 性急則皮焦而裏不熟矣. 有愈煮愈嫩者, 腰子·雞蛋之類是也. 有略煮卽不嫩者, 鮮魚·蚶·蛤之類是也. 肉起遲則紅色變黑, 魚起遲則活肉變死. 屢開鍋蓋, 則多沫而少香. 火熄再燒, 則走油而味失. 道人以丹成九轉爲仙, 儒家以無過·不及爲中. 司廚者, 能知火候而謹伺之, 則幾于道矣. 魚臨食時, 色白如玉, 凝而不散者, 活肉也; 色白如粉, 不相膠粘者, 死肉也. 明明鮮魚, 而使之不鮮, 可恨已極.

21 구전단 : 구환단九還丹과 같은 말로, 금단金丹을 아홉번 정련하여 만드는 단약이다. 이를 복용하면 3일만에 신선이 된다고 한다.《포박자抱朴子 내편內篇》권4〈금단金丹〉)

8. 색과 향에 대하여 반드시 알아야 한다

눈과 코는 입 옆에 있으니, 또한 입의 매개체이다. 맛있는 음식이 눈과 코에 이르면 색과 향에 대해 느끼는 감각이 서로 다른 경우가 있다. 색이 혹 가을 구름처럼 맑은 것과 호박처럼 아름다운 것은 향기 또한 코를 찌르고 들어와 반드시 씹거나 맛을 본 뒤에 그 음식의 오묘한 맛을 알 수 있는 것이 아니다. 그렇지만 색을 내기 위해 설탕을 볶거나 향을 내기 위해 향료를 사용해서는 안 된다. 요리할 때 단 한 번의 꾸밈만으로도 그 맛을 손상시킨다.

色臭須知

目與鼻, 口之鄰也, 亦口之媒介也. 嘉肴到目·到鼻, 色臭便有不同. 或淨若秋雲, 或艶如琥珀, 其芬芳之氣 , 亦撲鼻而來, 不必齒決之, 舌嘗之, 而後知其妙也. 然求色不可用糖炒, 求香不可用香料. 一涉粉飾, 便傷至味.

9. 요리하는 속도에 대하여 반드시 알아야 한다

무릇 사람들이 손님을 초청할 경우 3일 전에 서로 약속을 하기 때문에 당연히 여러 요리를 준비할 시간이 있다. 그런데 갑자기 손님이 찾아올 경우 서둘러 간단하게 식사할 요리가 필요하다. 밖에서 나그네 신세이거나 배를 타고 여행하다가 잠깐 여관에 머물고 있을 때 어떻게 동해의 물을 길어다 남지南池에 난 불을 끌 수가 있겠는가? 반드시 《급취장急就章²²》처럼 빨리 마련할 수 있는 요리를 미리 준비해 두어야 한다.

예를 들면 얇게 썬 닭고기볶음, 채 썬 돼지고기볶음, 말린 새우두부볶음, 조어糟魚²³, 다퇴茶腿²⁴와 같은 종류이다. 이러한 것들은 반대로 빠르게 요리함으로써 솜씨를 드러낼 수 있다는 것을 몰라서는 안 된다.

遲速須知

凡人請客, 相約於三日之前, 自有工夫平章百味. 若斗然客至, 急需便餐; 作客在外, 行船落店: 此何能取東海之水, 救南池之焚乎? 必須預備一種急就章之菜, 如炒雞片, 炒肉絲, 炒蝦米豆腐, 及糟魚·茶腿之類, 反能因速而見巧者, 不可不知.

10. 변화되는 음식 맛에 대하여 반드시 알아야 한다

하나의 식재료에는 하나의 맛이 있기 때문에 이를 뒤섞어 한꺼번에 요

---

22 급취장 : 중국 한나라의 사유史游(?~?)가 편찬하고, 오늘날 전하는 것 중 가장 오래된 자서字書이다. 당시의 상용한자 약 1,900자를 31장으로 나누어 수록하였으며, 물명物名이나 성명 따위에 운을 달아 배열하였다. 여기서는 '빨리 완성하다'는 의미의 '급취急就'란 말에 의미를 부여하였다.

23 조어 : 지게미에 절인 생선을 말한다. 소금에 절인 생선을 잘게 썰어 술에 담가 밀봉해 두었다가 수시로 꺼내어 먹도록 하였다.

24 다퇴 : 절강성浙江省 금화金華 지방에서 생산되는 돼지다리를 훈제하거나 소금에 절여 만든다. '화퇴火腿', '화육火肉'이라고도 한다.

리해서는 안 된다. 예를 들자면 성인이 가르침을 베풀 때 상대의 재능에 따라 즐겁게 가르쳤지 고정된 법도에 구애되지 않았으니, 이것을 '군자는 남의 아름다운 일을 도와서 이루어준다.'[25]라고 하는 것이다.

오늘날 요리사들을 보니, 걸핏하면 닭·오리·돼지·거위를 한데 넣고 탕으로 끓이니 이는 마침내 많은 사람들이 똑같이 요리하게 되어 맛이 밀랍을 씹는 것과 같다. 만약 닭, 거위, 오리에게 영혼이 있다면 반드시 왕사성枉死城[26]에 모여 원통함을 고발할까 두렵다.

요리를 잘하는 사람은 반드시 노구솥[鍋]·가마솥[竈]·사발[盂]·주발[鉢]과 같은 그릇을 여러 개 놓아두고 하나의 식재료가 한 가지 맛의 본성을 갖추도록 한 그릇에 제각기 하나의 맛을 내는 음식을 담는다. 그래야만이 음식을 즐기는 사람은 혀가 응접불가應接不暇[27]하여 절로 마음의 꽃이 활짝 피는 것[28]을 느끼게 될 것이다.

變換須知

一物有一物之味, 不可混而同之. 猶如聖人設教, 因才樂育, 不拘一律. 所謂君子成人之美也. 今見俗廚, 動以雞·鴨·猪·鵝, 一湯同滾, 遂令千手雷同, 味同嚼蜡. 吾恐雞·猪·鵝·鴨有靈, 必到枉死城中告狀矣. 善治菜者, 須多設鍋·竈·盂·鉢之類, 使一物各獻一性, 一碗各成一味. 嗜者舌本應

---

25 군자는……이루어준다 : 《논어論語》〈안연顏淵〉에 "군자는 남의 아름다운 일을 도와서 이루어주고, 남의 악을 도와서 이루어주지 않는다. 소인은 이와 반대이다.[君子成人之美, 不成人之惡. 小人反是.]"라는 내용이 있다.

26 왕사성 : 억울하게 죽은 귀신이 모여 산다는 저승의 한 영역을 말한다.

27 응접불가 : 응접할 틈이 없다는 뜻으로, 일이 꼬리를 물고 계속되어 생각할 여유조차 없을 만큼 몹시 바쁜 것을 말한다. 여기서는 음식을 맛보기에 바쁘다는 의미이다.

28 마음의……것 : '기뻐서 어쩔 줄 모르다'는 뜻으로, '심화노방心花怒放'이라고도 한다.

接不暇, 自覺心花頓開.

11. 음식을 담는 그릇에 대하여 반드시 알아야 한다

옛말에 "맛있는 음식이 아름다운 그릇만 못하다."고 하였으니, 이 말이 옳다. 그래서 선덕宣德, 성화成化, 가정嘉靖, 만력萬曆 연간에 생산된 도자기가 너무 귀해서 깨뜨릴까 걱정된다면 이미 아름답게 느껴지는 어요御窯[29]에서 생산한 도자기를 쓰는 것만 못하다. 오직 그릇에 적합한 것은 그릇에 담고 접시에 적합한 것은 접시에 담으며, 큰 그릇에 적합한 것은 큰 그릇에 담고 작은 그릇에 적합한 것은 작은 그릇에 담는다. 그 차이를 잘 참작하여 안배해야 산뜻하다고 느낄 것이다. 융통성 없이 10개의 그릇과 8개의 접시라는 말에 얽매인다면 어리석은 세속의 습관에 가까울 것이다.

대저 귀한 음식에는 큰 그릇이 적합하고 싼 음식에는 작은 그릇이 적합하다. 지지고 볶는 요리는 접시가 적합하고 탕과 국은 그릇이 적합하며, 지지고 볶는 요리에는 가마솥이 적합하고 뭉근한 불에 찌거나 삶는 요리에는 옹기솥이 적합하다.

---

29 어요 : 궁중에서 쓰는 도자기를 굽던 가마를 말한다.

器具須知

古語云: 美食不如美器. 斯語是也. 然宣·成·嘉·萬, 窯器太貴, 頗愁損傷, 不如竟用御窯, 已覺雅麗. 惟是宜碗者碗, 宜盤者盤, 宜大者大, 宜小者小, 參錯其間, 方覺生色. 若板板于十碗八盤之說, 便嫌笨俗. 大抵物貴者器宜大, 物賤者器宜小. 煎炒宜盤, 湯羹宜碗, 煎炒宜鐵鍋, 煨煮宜砂罐.

12. 요리를 올리는 방법에 대하여 반드시 알아야 한다

요리를 올리는 방법은 짠 것을 먼저 올리고 싱거운 것을 나중에 올리는 것이 적합하다. 진한 것을 먼저 올리고 담백한 것을 나중에 올리는 것이 적합하다. 국물이 없는 것을 먼저 올리고 국물이 있는 것을 나중에 올리는 것이 적합하다. 또 천하에는 원래 다섯 가지 맛이 있는데 짠맛 하나만으로 개괄할 수는 없다.

손님이 배부르게 먹었다고 생각이 되면 비장이 피곤할 것이니 반드시 매운맛으로 식욕에 자극을 주어야 하고, 손님이 술을 너무 많이 마셨다고 생각이 되면 위장이 피로할 것이니 반드시 새콤하고 단맛으로 술을 깨도록 해야 한다.

上菜須知

上菜之法: 鹽者宜先, 淡者宜後; 濃者宜先, 薄者宜後; 無湯者宜先, 有湯者宜後. 且天下原有五味, 不可以鹹之一味槪之. 度客食飽, 則脾困矣, 須用辛辣以振動之; 慮客酒多, 則胃疲矣, 須用酸甘以提醒之.

13. 제철에 맞는 식재료 사용에 대하여 반드시 알아야 한다

여름은 날이 길고 더워서 너무 일찍 짐승을 도살하면 고기가 상하고, 겨울은 날이 짧고 추워서 너무 늦게 요리를 하면 식재료가 익지 않는다. 겨울은 소와 양을 먹는 것이 적합한데 이를 여름으로 옮기면 때가 적합하지 않다. 여름에는 말린 고기를 먹는 것이 적합한데 이를 겨울로 옮기면 때가 적합하지 않다.

부재료로 여름에는 겨잣가루를 사용하는 것이 적합하고 겨울에는 후추를 사용하는 것이 적합하다. 삼복더위에 먹는 겨울에 담근 엄채腌菜[30]는 보잘것없는 음식이지만 마침내 매우 보배스러운 음식이 된다. 서늘한 가을에 얼어서 요리한 행근순行根筍[31]도 보잘것없는 요리이지만 진귀한 요리로 여기게 될 것이다. 제철보다 앞서 먹으면 좋은 평가를 받는 것으로는 3월에 준치를 먹는 것이고, 제철보다 늦게 먹으면 좋은 평가를 받는 것으로는 4월에 토란을 먹는 것이다. 그 나머지도 미루어 추측할 수 있다.

제때가 지나면 먹을 수 없는 것으로는 때가 지나면 속이 비는 무, 때가 지나면 쓴맛이 나는 산중의 죽순, 때가 지나면 뼈가 억세지는 웅어[刀鱭][32]가 있다. 이른바 사계절의 질서는 자신의 사업을 이루면 물러나는 법이니, 정화가 이미 다하였으니 바지를 벗어버리고 물을 건

---

30 엄채 : 소금에 절인 장아찌를 말한다.

31 행근순 : 죽순의 일종으로 채찍을 닮았다고 하여 '행편순行鞭筍'이라고도 한다.

32 웅어 : 바닷고기로 2~3월 경에 강으로 올라와 산란한다. '제어鱭魚'·'재어鮆魚'라고도 하며, 속칭 '봉미어鳳尾魚'라고도 한다.

너는 격이다.[33]

時節須知

夏日長而熱, 宰殺太早, 則肉敗矣. 冬日短而寒, 烹飪稍遲, 則物生矣. 冬宜
食牛羊, 移之于夏, 非其時也. 夏宜食乾腊, 移之于冬, 非其時也. 輔佐之
物, 夏宜用芥末, 冬宜用胡椒. 當三伏天而得冬醃菜, 賤物也, 而竟成至寶
矣. 當秋涼時而得行根笋, 亦賤物也, 而視若珍羞矣. 有先時而見好者, 三
月食鰣魚是也. 有後時而見好者, 四月食芋奶是也. 其他亦可類推. 有過
時而不可喫者, 蘿蔔過時則心空, 山笋過時則味苦, 刀鱭過時則骨硬. 所
謂四時之序, 成功者退, 精華已竭, 褰裳去之也.

14. 재료의 양에 대하여 반드시 알아야 한다

귀한 식재료는 많이 사용하는 것이 적합하고 흔한 식재료는 적게 쓰
는 것이 적합하다. 지지고 볶는 식재료가 많으면 화력이 통과하지 못해
고기도 익지 않는다. 그렇기 때문에 고기는 반근이 넘지 않아야 되고
닭고기와 생선은 6냥(225g)[34]을 넘지 않아야 된다. 어떤 사람이 "음식이
부족하면 어떻게 합니까?"라고 물어와 "음식을 다 먹기를 기다렸다가

---

33 정화가……격이다 : 헌신짝 내던지듯 자신의 자리를 버린다는 뜻이다. 《죽서기년竹書
紀年》에, 순舜이 우禹에게 임금 자리를 물려주면서 "정화가 이미 다하였으니 바지를
벗어버리고 물을 건너라.[精華已竭, 褰裳去之.]"라고 한 구절이 있다.

34 6냥(225g) : 냥兩은 당시 무게 단위로, 1냥은 0.0625근이다. 6냥은 0.375근에 해당하
며, 지금의 그램(g)으로 환산하면 225g이다.

따로 볶으면 됩니다."라고 대답하였다.

식재료가 많은 것을 귀하게 여기는 것은 돼지고기를 물에 삶을 때니, 그렇더라도 돼지고기가 20근(12kg)을 넘어서는 안 된다. 그렇게 하면 고기가 싱겁고 맛이 없어진다. 죽도 마찬가지이니 한 되(1.8039ℓ)의 쌀이 아니면 죽의 국물이 진하지 않기 때문에 물을 따라내야 한다. 물이 많으면 식재료가 적어져서 맛이 옅어진다.

多寡須知

用貴物宜多, 用賤物宜少. 煎炒之物多, 則火力不透, 肉亦不鬆. 故用肉不得過半斤, 用雞·魚不得過六兩. 或問: 食之不足如何? 曰: 俟食畢後另炒可也. 以多爲貴者, 白煮肉, 非二十斤以外, 則淡而無味. 粥亦然, 非斗米則汁漿不厚, 且須扣水, 水多物少, 則味亦薄矣.

15. 청결함에 대해서 반드시 알아야 한다

파를 썬 칼로 죽순을 썰어서는 안 되고 후추를 빻은 절구로 쌀가루를 빻아서는 안 된다. 요리에 행주 냄새가 난다는 말을 듣는다면 행주가 청결하지 않기 때문이고, 요리에 도마 냄새가 난다는 말을 듣는다면 도마가 청결하지 않기 때문이다. "장인이 일을 잘하려면 반드시 먼저 연장을 예리하게 해야 한다."[35]라고 하였다. 훌륭한 요리사는 먼저 칼을 자

---

35 장인이……한다 : 《논어論語》〈위령공衛靈公〉에, 공자께서 "장인이 일을 잘하려면 반

주 갈고 행주를 자주 바꾸며 도마를 자주 깎아내고 손을 자주 씻고 난 다음에 요리를 한다.

피우는 담뱃재, 머리에서 나는 땀방울, 부뚜막 위의 파리와 개미, 가마솥 위의 그을음이 조금이라도 요리에 들어간다면 아무리 훌륭한 요리라고 하더라도 "서자西子가 더러운 것을 뒤집어쓰면 사람들은 모두 코를 막고 지나갈 것이다."[36]라고 한 것이나 마찬가지이다.

潔淨須知

切蔥之刀, 不可以切筍; 搗椒之臼, 不可以搗粉. 聞菜有抹布氣者, 由其布之不潔也; 聞菜有砧板氣者, 由其板之不淨也. "工欲善其事, 必先利其器." 良廚先多磨刀, 多換布, 多刮板, 多洗手, 然后治菜. 至于口吸之煙灰, 頭上之汗汁, 竈上之蠅蟻, 鍋上之煙煤, 一玷入菜中, 雖絶好烹苞, 如西子蒙不潔, 人皆掩鼻而過之矣.

드시 먼저 연장을 예리하게 해야 한다.[工欲善其事, 必先利其器.]"라고 하였다.

36 서자가……것이다 : 아무리 훌륭한 근본을 가졌더라도 그것을 감싸고 있는 환경이 좋지 않으면 자신이 가진 아름다움을 드러낼 수 없음을 비유하여 이르는 말이다. 《맹자孟子》〈이루離婁 하下〉에 "서자가 더러운 것을 뒤집어쓰면 사람들은 모두 코를 막고 지나간다. 비록 추악한 사람이 있을지라도 목욕재계를 하면 상제에게 제사 지낼 수 있다.[西子蒙不潔, 則人皆掩鼻而過之. 雖有惡人, 齊戒沐浴, 則可以祀上帝.]"라는 구절이 있다.

16. 콩가루를 사용하는 방법에 대하여 반드시 알아야 한다

민간에서는 콩으로 만든 녹말[豆粉]을 '견縴'이라고 한다. '견'은 배를 끌어당길 때 사용하는 밧줄이니, 반드시 이름을 보면 거기에 담긴 뜻을 알 수가 있다. 고기를 요리하는 사람이 완자를 만들려 하는데 뭉쳐지지 않고 국을 끓이려 하는데 기름지지(국물이 진하게 우러나지) 않기 때문에 콩가루를 사용하여 끌어모으는 것이다. 지지고 볶을 때 고기가 가마솥에 달라붙어 탈까 걱정이 되면 콩가루로 고기를 싸서 타지 않도록 보호할 수 있는데, 이것이 '견縴'의 뜻이다.

이러한 쓰임을 이해하고 콩가루를 사용한다면 콩가루는 반드시 합당하게 잘 사용될 것이다. 그렇지 않다면 무분별하게 콩가루를 사용하여 비웃음을 사 다만 미련함을 드러낼 것이다. 《한제고漢制考[37]》에서 '제齊나라 사람들이 모두 누룩을 '매媒'라고 한다.'고 하였는데, 여기의 '매'가 바로 '견'과 마찬가지로 매개 역할을 하는 것이다.

用縴須知

俗名豆粉爲縴者, 即拉船用縴也, 須顧名思義. 因治肉者要作團而不能合, 要作羹而不能膩, 故用粉以牽合之. 煎炒之時, 慮肉貼鍋, 必至焦老, 放用粉以護持之, 此縴義也. 能解此義用縴, 縴必恰當, 否則亂用可笑, 但覺一片糊塗.《漢制考》齊呼麴麩爲媒, 媒即縴矣.

---

37 한제고 : 송나라 왕응린王應麟이 한나라의 제도에 관하여 이전의 저술들을 보완하고 고증한 책이름이다.

17. 식재료를 선택하는 방법에 대하여 반드시 알아야 한다

식재료를 선택하는 방법으로 고기볶음에는 돼지 볼깃살, 완자에는 전협심前夾心[38], 구이에는 경단륵硬短勒[39], 얇게 썬 생선볶음에는 청어와 쏘가리, 어송魚松[40]에는 산천어와 잉어를 쓴다. 찜닭에는 암탉, 약한 불에 충분히 삶는 닭에는 거세한 닭, 닭육수 낼 때는 늙은 닭을 쓴다. 닭요리에는 암탉을 써야 고기가 연하고 오리요리에는 수컷을 써야 기름지다. 순채蓴菜[41]는 부드러운 이파리를 쓰고 미나리와 부추는 뿌리를 쓰니, 모두 한결같이 정해진 원칙이 있다. 나머지도 미루어 추측할 수 있다.

選用須知

選用之法, 小炒肉用後臀, 做肉圓用前夾心, 煨肉用硬短勒. 炒魚片用靑魚·季魚, 做魚松用鰱魚·鯉魚. 蒸雞用雛雞, 煨雞用騸雞, 取雞汁用老雞; 雞用雌才嫩, 鴨用雄才肥; 蓴菜用頭, 芹韭用根: 皆一定之理. 餘可類推.

---

38 전협심 : 돼지의 어깨와 목의 아랫부분 고기를 말한다.

39 경단륵 : 갈비뼈 아래쪽 나무판 모양의 고기를 말한다.

40 어송 : 물고기의 살을 가공하여 솜이나 가루처럼 만든 요리를 말한다. '어송魚鬆'·'어육송魚肉鬆'이라고도 한다.

41 순채 : 수련과에 딸린 여러해살이 물풀로, 어린잎은 국을 끓이는 데 쓴다.

18. 유사한 맛의 차이에 대하여 반드시 알아야 한다

맛은 진하게 해야 하지만 기름져서는 안 되고 맛은 신선해야 하지만 담박해서는 안 된다. 이 '유사한 차이는 아주 작은 차이가 천리의 잘못을 초래한다.'는 말이다. 진한 것은 정수를 많이 뽑아내고 필요 없는 찌꺼기를 버리는 것을 말하니, 만약 한갓 기름진 맛을 바란다면 오로지 돼지기름을 먹는 것만 못하다. 신선한 것은 참된 맛을 내고 세속적인 맛을 없애는 것을 말하니, 만약 한갓 담박한 맛을 바란다면 물을 마시는 것만 한 것이 없다.

疑似須知

味要濃厚, 不可油膩; 味要淸鮮, 不可淡薄. 此疑似之間, 差之毫釐, 失以千里. 濃厚者, 取精多而糟粕去之謂也; 若徒貪肥膩, 不如專食猪油矣. 淸鮮者, 眞味出而俗塵無之謂也; 若徒貪淡薄, 則不如飮水矣.

19. 잘못된 요리를 바로잡는 방법에 대하여 반드시 알아야 한다

훌륭한 요리사는 국을 조리할 때 간을 적당히 맞추고 고기의 질긴 정도를 꼭 알맞게 한다. 부득이 일반사람들이 말하는 잘못된 요리를 바로잡는 방법대로 한다면 음식의 간을 맞출 때 싱겁게 하는 것이 낫지 짜게 하지 말아야 한다. 싱거우면 소금으로 맛을 바로잡을 수 있지만 짠 것은 다시 싱겁게 할 수 없기 때문이다. 물고기 요리를 할 때는 부드럽게 하는 것이 낫지 단단하게 되도록 하지 말아야 한다. 부드러운 것은 불 때는 시간을 더해 보완할 수가 있지만 단단하게 되면 강제로 다시 부드럽게 할 수가 없다. 이 가운데 중요한 관건은 일체 요리할 때 불의 색(세기)을 조용히 관찰하면 자세히 알 수 있다.

補救須知

名手調羹, 鹹淡合宜, 老嫩如式, 原無需補救. 不得已爲中人說法, 則調味者, 寧淡毋鹹; 淡可加鹽以救之, 鹹則不能使之再淡矣. 烹魚者, 寧嫩毋老, 嫩可加火候以補之, 老則不能强之再嫩矣. 此中消息, 于一切下作料時, 靜觀火色便可參詳.

20. 자신의 본분을 반드시 알아야 한다

만주족 요리는 굽거나 삶은 것이 많고 한족의 요리는 국과 탕이 많은데, 이들은 어릴 때부터 이런 요리법을 배우기 때문에 숙달되었다. 한족이 만주족을 초대하고 만주족이 한족을 초대할 때는 제각기 자신들의 뛰어난 요리를 만들지만 도리어 신선한 식감을 느낀다. 이는 한단邯鄲의 옛 걸음[42]을 잃지 않아서 그러한 것이다.

---

42 한단의 옛 걸음 : 자신이 가진 원래의 솜씨를 말한다. 《장자莊子》〈추수秋水〉에 "그대는 한단에 걸음을 배우러 온 수릉 땅 소년의 이야기를 듣지 못했는가? 그 국도國

그런데 오늘날 사람들은 자신의 본분을 잃어버리고 애써 격식에서 벗어나서 좋은 것을 찾고 있다. 한족이 만주족을 초대하면서 만주족의 요리를 대접하고, 만주족이 한족을 초대하면서 한족의 요리를 대접한다. 이는 도리어 의양호로依樣葫蘆[43]가 되고 마는 것이니 이름만 있고 실상은 없어 호랑이를 그리려다 개도 그리지 못하는 꼴이다. 수재秀才가 과거시험장에 가서 오로지 자신의 문장을 짓고 뛰어난 작품에 힘쓴다면 절로 적합할 것이다. 그런데 만약 어떤 스승과 주고主考[44]를 만나 그의 문장을 모방하기만 한다면 이는 진실이 없이 겉모습만 취하는 것이니, 종신토록 과거에 합격하지 못할 것이다.

本分須知

滿洲菜多燒煮, 漢人菜多羹湯, 童而習之, 故■[擅][45]長也. 漢請滿人, 滿請漢人, 各用所長之菜, 轉覺入口新鮮, 不失邯鄲故步. 今人忘其本分, 而要格外討好. 漢請滿人用滿菜, 滿請漢人用漢菜, 反致依樣葫蘆, 有名無實, 畫虎不成反類犬矣. 秀才下場, 專作自己文字, 務極其工, 自有遇合. 若逢一宗師而摹倣之, 逢一主考而摹倣之, 則掇皮無眞, 終身不中矣.

都의 잘 걷는 재주를 터득하기는커녕 옛날의 걸음걸이마저 잃어버렸다네.[子獨不聞夫壽陵餘子之學行於邯鄲與? 未得國能, 又失其故行矣.]"라는 구절에서 온 말이다.

43 의양호로 : 옛사람을 모방하여 자신만의 새로운 생각을 창안하지 못함을 말한다. 송나라 태조太祖가 한림학사翰林學士 도곡陶穀이 지은 글을 조롱하여 말하기를 "듣건대 한림학사는 글을 초할 때 옛사람의 작품을 베껴 가며 조금씩 말만 바꾸었을 뿐이다. 이는 바로 세속에서 이른바 조롱박 모양만을 흉내 내어 그린 것일 뿐이니 힘쓴 것이 뭐가 있다고 하겠는가?[頗聞翰林草制, 皆檢前人舊本, 改換詞語. 此乃俗所謂依樣畫葫蘆耳, 何宣力之有?]"라는 구절에서 유래하였다.

44 주고 : 과거시험장에서 가장 으뜸가는 시관試官을 말한다.

45 ■[擅] : 저본에는 인쇄가 번져 알아볼 수 없어, 청淸 건륭임자乾隆壬子 소창산방장판본小倉山房藏版本에 의거하여 '擅'을 보충하였다.

Ⅱ.
요리사가 경계해야 하는 항목

위정자는 한 가지 이로운 일을 일으키는 것보다 한 가지 폐단을 제거하는 것이 나으니, 만약 음식의 폐단을 없앨 수만 있다면 음식에 대한 도의 경지에 절반은 넘었다고 할 수 있다.[46] 그래서 '요리사가 경계해야 하는 항목'을 짓는다.

戒單

爲政者, 興一利, 不如除一弊, 能除飮食之弊, 則思過半矣. 作〈戒單〉.

---

46 도의……있다 :《근사록近思錄》〈위학류爲學類〉에 "사람의 감정 가운데 가장 쉽게 일어나면서 제어하기 어려운 것은 노여워하는 것이라고 해야 할 것이다. 하지만 노여워하는 감정이 일어날 때에 문득 그 노여움을 잊어버리고서 그 사리의 옳고 그름을 살필 줄만 알게 된다면 외물이 나를 유인하는 것 역시 미워할 대상이 아니라는 것을 알게 될 것이니, 이쯤 되면 도의 경지에 반절은 넘었다고 할 수 있을 것이다.[夫人之情, 易發而難制者, 惟怒爲甚. 第能於怒時, 遽忘其怒而觀理之是非, 亦可見外誘之不足惡, 而於道亦思過半矣.]"라는 구절이 있다.

1. 따로 기름을 끼얹는 것을 경계하라

보통의 요리사들은 요리할 때 걸핏하면 돼지기름 한 솥을 끓여놓고 요리를 올릴 때 한 국자를 떠서 나누어서 끼얹어 기름지게 한다. 심지어 제비집처럼 매우 담백한 요리에도 다시 이러한 더러운 짓을 한다. 그런데도 보통 사람들은 아무것도 모르고 게걸스럽게 먹어대니, 이것은 기름을 배에 들이붓는 것이다. 그러므로 이러한 사람들은 전생에 굶어 죽은 귀신이 다시 태어난 것임을 알겠다.

戒外加油

俗廚制菜, 動熬猪油一鍋, 臨上菜時, 勺取而分澆之, 以爲肥膩. 甚至燕窩至淸之物, 亦復受此玷汚. 而俗人不知, 長吞大嚼, 以爲得油水入腹. 故知前生是餓鬼投來.

2. 한 솥에 모두 넣어서 끓이는 것을 경계하라

한 솥에 모두 넣어서 끓이는 폐단은 이미 이전 〈변화되는 음식 맛에 대하여 반드시 알아야 한다[變換須知]〉[47] 조목에 기록해 놓았다.

---

47 변화되는……한다 : 내용은 'I-10'에 실려 있다.

戒同鍋熟

同鍋熟之弊, 已載前"變換須知"一條中.

3. 귀로 먹는 것을 경계하라

무엇을 '귀로 먹는 것[耳餐]'이라고 하는가? 귀로 먹는 것이란 맹목적으로 요리의 이름만 추구하는 것이다. 귀한 음식의 이름만 탐하고 과장되게 손님을 공경하는 뜻을 드러내는 것으로, 이것은 귀로 먹는 것이지 입으로 맛보게 하는 것은 아니다. 맛있는 두부는 제비집보다 훨씬 맛이 뛰어나고, 맛없는 해물은 신선한 나물이나 죽순보다 못한 줄 모른다. 내가 일찍이 "닭과 돼지, 생선과 오리는 호걸스런 선비와 같아 제각기 본래의 맛을 가지고 있어 절로 일가를 이루고 있는 식재료이고, 해삼과 제비집은 식견 없는 천박한 사람과 같아 조금도 타고난 개성 없이 남의 울타리 밑에 붙어사는 식재료이다."[48]라고 하였다.

내가 일찍이 어느 태수의 잔치에 손님으로 초청을 받은 적이 있다. 항아리만한 큰 그릇에 맹물로 삶은 제비집 4냥(150g)을 내왔는데 조금도 맛이 없었지만 사람들은 다투어 그 맛을 칭찬하였다. 내가 웃으며 "우리가 이곳에 제비집을 먹으러 왔지 제비집을 팔러 온 것은 아니다."라고

---

48 닭과……식재료이다 : 자신만의 독특한 맛을 가지고 있지 않고 다른 요리와 어우러져야 맛을 낸다는 뜻이다.

하였다. 양만 많아 팔 수 있지 맛이 없어 먹을 수 없으니, 아무리 많은
들 무슨 소용인가? 만약 한갓 체면치레라면 그릇에 백금의 값어치가 있
는 100알의 구슬을 담아 두는 것만 못하다. 먹을 수 없는 것을 어찌 하
겠는가?

戒耳餐

何謂耳餐？ 耳餐者, 務名之謂也. 貪貴物之名, 誇敬客之意, 是以耳餐,
非口餐也. 不知豆腐得味, 遠勝燕窩, 海菜不佳, 不如蔬笋. 余嘗謂雞‧
猪‧魚‧鴨, 豪傑之士也, 各有本味, 自成一家. 海參‧燕窩, 庸陋之人也,
全無性情, 寄人籬下. 嘗見某太守燕客, 大碗如缸, 白煮燕窩四兩, 絲毫無
味, 人爭誇之. 余笑曰:“我輩來喫燕窩, 非來販燕窩也.” 可販不可喫, 雖
多奚爲? 若徒誇體面, 不如碗中竟放明珠百粒, 則價値萬金矣. 其如喫不
得何?

4. 눈으로 먹는 것을 경계하라

무엇을 '눈으로 먹는 것[目食]'이라고 하는가? 눈으로 먹는 것은 음식
에 많이 욕심내는 것을 이른다. 오늘날 사람들은 "식전방장食前方丈"[49]
이라는 이름을 사모하여 많은 접시와 포개진 그릇을 늘어놓았으니, 이

---

49 식전방장：《맹자孟子》〈진심盡心 하下〉에 "진수성찬을 차려 먹고 시첩 수백 명을 거
느리는 것을, 나는 뜻을 얻더라도 하지 않을 것이다.[食前方丈, 侍妾數百人, 我得志,
弗爲也.]"라는 구절이 있다. 여기서 '방장方丈'은 사방 10자 되는 상을 말한다.

는 눈으로 먹는 것이지 입으로 먹는 것이 아니다. 명필가가 글자를 쓰더라도 많이 쓰다 보면 반드시 결점이 생기게 되고, 유명한 시인이 시를 지어도 번다하면 반드시 병통이 되는 글귀가 생기기 마련이다. 이름난 요리사가 정성과 힘을 다하여 하루 중에 만드는 맛있는 요리는 네다섯 가지에 지나지 않을 뿐이다. 이것도 오히려 쉽지 않은 일인데 더군다나 어수선하고 어지럽게 늘어놓는단 말인가? 설령 도와주는 사람이 많다고 하더라도 제각기 자신의 의견이 있고 규칙이 전혀 없어서 돕는 사람이 많을수록 요리는 엉망이 된다.

내가 일찍이 어떤 상인의 집에 들른 적이 있다. 세 번이나 상을 바꾸며 음식을 올렸는데 딤섬[點心]^{50}이 16가지로 모든 음식을 계산해보니 40여 가지나 되었다. 주인은 스스로 매우 흡족해 하였지만 나는 연회가 끝나고 집으로 돌아와 죽을 끓여 허기를 달랬다. 생각해보면 연회자리는 풍성하였지만 품위가 높지 않았다. 남조南朝의 공림지孔琳之^{51}가 "오늘날 사람들은 많은 음식을 좋아하지만 입맛에 맞는 것을 제외하고는 모두 눈요깃거리에 불과하다."라고 하였다. 나에게는 어지럽게 늘어놓은 요리들 가운데 찌거나 비린 것들은 눈조차도 즐겁지 않다.

---

50 딤섬 : 떡과 과자 등의 총칭인 '고점糕點'으로, 식사 전에 입맛을 돋우기 위해 먹거나 주식으로 먹는 음식이다.

51 공림지(369~423) : 남조 송나라 회계會稽 산음山陰 사람이다. 자는 언림彦琳으로, 어려서부터 문장을 좋아했고, 음률을 알아 거문고를 탈 수 있었으며, 초서와 예서에 능했다. 송나라에 들어 어사중승御史中丞이 되어 법에 맞게 형벌을 집행했는데, 조금도 굽히거나 흔들림 없이 상서령尚書令 서선지徐羨之를 탄핵하였고, 사부상서祠部尚書에 올랐다.

戒目食

何謂目食? 目食者, 貪多之謂也. 今人慕"食前方丈"之名, 多盤疊碗, 是以
目食, 非口食也. 不知名手寫字, 多則必有敗筆; 名人作詩, 煩則必有累句.
極名廚之心力, 一日之中, 所作好菜不過四五味耳, 尙難拿准, 況拉雜橫陳
乎? 就使幫助多人, 亦各有意見, 全無紀律, 愈多愈壞. 余嘗過一商家, 上
菜三撤席, 點心十六道, 共算食品將至四十餘種. 主人自覺欣欣得意, 而
我散席還家, 仍煮粥充饑. 可想見其席之豊而不潔矣. 南朝孔琳之曰: "今
人好用多品, 適口之外, 皆爲悅目之資." 余以爲看饌橫陳, 熏蒸腥穢, 目
亦無可悅也.

5. 견강부회하는 것을 경계하라

식재료에는 타고난 본성이 있으니 견강부회해서는 안 된다. 자연스러
움에서 훌륭한 요리가 만들어지니 제비집처럼 좋은 재료를 무엇 때문에
굳이 다져서 완자를 만드는가? 해삼도 좋은 재료인데 무엇 때문에 굳이
졸여서 장을 만드는가? 수박을 썰어 놓은 지 오래되어 신선도가 떨어지
는데도 끝내 이것을 고점糕點으로 만드는 사람이 있다. 사과가 너무 익어
식감이 퍽퍽해지는데도 끝내 이것을 쪄서 포脯[52]를 만드는 사람도 있다.
나머지 《준생팔전尊生八箋[53]》에 실린 추등병秋藤餠[54]과 이립옹李笠翁[55]

---

52 포 : 물고기나 고기, 과일 등의 수분을 증발시켜 장시간 보관하여 두고 먹을 수 있도
　록 만든 음식을 말한다. 쇠고기 말린 것을 육포, 생선은 어포, 꿩고기는 생치포, 노
　루고기는 녹포라고 부른다.

의 옥난고玉蘭糕[56]는 모두 지나치게 꾸며서 만든 것들로, 버드나무로 술잔을 만드는 것[57]과 같이 자연스러운 고상함을 완전히 잃어버렸다. 이를 비유하자면 일상적인 덕행이 상당한 수준에 이르면 성인이 될 수 있는 것과 같은데, 무엇 때문에 굳이 은밀한 것을 찾아 이상한 짓[58]을 하는가?

戒穿鑿

物有本性, 不可穿鑿爲之. 自成小巧, 卽如燕窩佳矣, 何必捶以爲團? 海參可矣, 何必熬之爲醬? 西瓜被切, 略遲不鮮, 竟有製以爲糕者. 萍果太熟,

---

53 준생팔전 : 명나라 문인 고렴高濂이 지은 것으로, 만력萬曆 19년(1591)에 처음으로 간행되었다. 양생에 관한 책으로 산천일유山川逸游·화조충어花鳥蟲魚·금악서화琴樂書畵·필묵지연筆墨紙硯·문물감상文物鑑賞 등을 포함하고 있으며 총 8가지 항목, 20권으로 구성되어 있다.

54 추등병 : 등나무꽃을 이용하여 만든 떡으로, 《준생팔전尊生八箋》〈음찬복식전飮饌服食箋〉에 "꽃을 따서 깨끗이 씻고 염탕주와 골고루 잘 버무려 시루에 넣고 충분히 익혔다가 햇빛에 말려서 소를 만들면 매우 맛이 있다.[采花洗淨, 鹽湯酒拌勻, 入甑蒸熟, 曬乾, 可作食餡子, 美甚.]"라고 하였다.

55 이립옹 : '립옹笠翁'은 이어李漁(1611~1685)의 자이다. 호는 각세패관覺世稗官·호상입옹湖上笠翁으로 명나라 희곡가이다. 희곡은 16종이 있지만《입옹십종곡笠翁十種曲》이 대표작이다.

56 옥난고 : 상해지역의 찹쌀로 만든 고점糕點으로 붉은콩과 깨 등이 들어간다.

57 버드나무로……것 : 천성을 버리고 인위적인 틀에 억지로 끼워 맞추어 변형시킨다는 의미이다.《맹자孟子》〈고자告子 상上〉에 고자가 "사람의 성性은 버드나무와 같고 의義는 버드나무로 만든 술잔과 같으니, 사람의 본성을 가지고 인의仁義를 행함은 버드나무를 가지고 술잔을 만드는 것과 같다.[性, 猶杞柳也. 義, 猶桮棬也. 以人性爲仁義, 猶以杞柳爲桮棬.]"라고 한 구절에서 유래한다.

58 굳이……짓 :《중용》 11장에 "공자께서 말씀하셨다. '은밀한 것을 찾아 이상한 짓을 하는 것을 후세에 칭술하는 사람이 있는데, 나는 이러한 짓을 하지 않는다.[索隱行怪, 後世有述焉, 吾弗爲之矣.]'"라는 구절이 있다.

上口不脆, 竟有蒸之以爲脯者. 他如《尊生八箋》之秋藤餅, 李笠翁之玉蘭糕, 都是矯揉造作, 以杞柳爲杯棬, 全失大方. 譬如庸德庸行, 做到家便是聖人, 何必索隱行怪乎?

6. 지체되는 것을 경계하라

음식 맛을 신선하게 하려면 전적으로 솥에서 꺼내 가장 맛이 있을 때 먹어야 한다.[59] 그런데 지체하게 되면 옷에 곰팡이가 피는 것과 같아서 아무리 비단으로 화려하게 수를 놓는다고 하더라도 색깔이 어둡고 퀴퀴한 느낌이 나서 싫어지게 된다. 일찍이 성격이 급한 주인을 만났는데 매번 음식을 차릴 때면 반드시 한꺼번에 상으로 옮겨왔다. 이에 주방장은 한 상에 차릴 음식을 모두 찜통에 놓고 주인이 재촉하기를 기다렸다가 동시에 상으로 내왔다. 이렇게 한다면 이 속에 맛있는 요리가 있겠는가?

요리를 잘하는 사람이 하나의 접시, 하나의 그릇에 정성을 다하더라도, 이것을 먹는 사람이 허겁지겁 맛도 모르고 한꺼번에 삼킨다면[60] 이른

---

59 가장……한다 : 가장 적절한 시기나 상황을 비유하여 이르는 말이다. 《사기史記》〈고조본기高祖本紀〉의 "군리와 사졸들은 모두 산동 사람들이니, 밤낮으로 발돋움하며 고향을 바랄 것입니다. 이러한 날카로운 기세를 이용하면 큰 공을 세울 수 있을 것입니다.[軍吏士卒, 皆山東之人也, 日夜跂而望歸. 及其鋒而用之, 可以有大功.]"라는 구절에서 유래하였다.

60 한꺼번에 삼킨다면 : 대추를 씹지도 않고 통째로 삼켜 맛을 음미할 줄 모른다는 뜻으로, '골륜탄조鶻崙吞棗'의 다른 말이다.

바 애가리哀家梨[61]를 얻어 다시 삶아서 먹는다는 것이나 마찬가지이다.

내가 광동지방에 도착하여 양난파楊蘭坡[62]의 관부에서 드렁허리국을 먹었는데 맛이 있어서 이유를 물었더니 "잡자마자 요리하고 익자마자 먹어 지체하지 않은 것에 불과할 뿐입니다."라고 하였다. 다른 재료들도 미루어 추측할 수 있다.

戒停頓

物味取鮮, 全在起鍋時極鋒而試; 略爲停頓, 便如霉過衣裳, 雖錦繡綺羅, 亦晦悶而舊氣可憎矣. 嘗見性急主人, 每擺菜必一齊搬出. 于是廚人將一席之菜, 都放蒸籠中, 候主人催取, 通行齊上. 此中尙得有佳味哉? 在善烹飪者, 一盤一碗, 費盡心思; 在喫者, 鹵莽暴戾, 囫圇吞下, 眞所謂得哀家梨, 仍復蒸食者矣. 余到粵東, 食楊蘭坡明府鱔羹而美, 訪其故曰: "不過現殺現烹·現熟現喫, 不停頓而已." 他物皆可類推.

7. 함부로 낭비하는 것을 경계하라

포暴는 사람의 공력을 돌보지 않는 것이고, 진殄은 식재료를 아까워하

---

61 애가리 : 아름다운 문장이나 사물을 비유하여 이르는 말로, 한나라 말릉秣陵의 애중哀仲의 집에서 재배하던 크고 맛이 좋았다는 배를 말한다.

62 양난파 : '난파蘭坡'는 양국림楊國霖(?~?)의 자이다. 광동고요지현廣東高要知縣을 지냈고 원매와 교유했던 인물로, 원매가 〈여양란파명부서與楊蘭坡明府書〉라는 제목의 편지를 보내기도 하였다.

지 않는 것이다. 닭·물고기·거위·오리는 머리부터 꼬리까지 어디 하나 맛없는 데가 없기 때문에 반드시 조금 쓰고 많은 부분을 버려서는 안 된다. 자라를 요리하는 사람을 본 적이 있는데 군裙[63]만 사용하였으니 살 속에 맛이 있는 줄 모르는 것이요, 준치를 찌는 사람을 본 적이 있는데 배 부분만을 쓰니 등 부분에 신선한 맛이 있는 줄 모르는 것이다.

가장 싼 재료 가운데 소금에 절인 계란만 한 것이 없는데 맛있는 부분이 노른자에게 있고 흰자에는 없다고 하여 흰자를 전부 버리고 노른자만 먹는다면 먹는 사람은 아무런 맛이 없다는 것을 느끼게 될 것이다. 내가 이렇게 말하는 것은 아울러 일반 사람들이 말하는 '복을 소중히 여기라!'는 것이 아니다. 가령 사람의 공력을 돌아보지 않고 식재료를 아끼지 않으면서 음식 맛을 좋아지게 한다면 그래도 괜찮지만, 사람의 공력을 돌아보지 않고 식재료를 아끼지 않으면서 도리어 음식 맛에 방해가 되게 한다면 무엇하러 고생스럽게 그렇게 하는가?

센 숯불에 살아있는 거위의 발바닥을 굽고 칼로 살아있는 닭의 간을 꺼내는 것은 모두 군자가 하지 않는 짓이다. 무엇 때문인가? 동물은 사람이 식용하는 것이니 동물을 죽일 수야 있지만, 동물에게 죽고 싶어도 죽을 수 없는 고통을 주는 짓은 해서는 안 되기 때문이다.

戒暴殄

暴者, 不恤人功, 殄者, 不惜物力. 雞·魚·鵝·鴨, 自首至尾, 俱有味存, 不
必少取多棄也. 嘗見烹甲魚者, 專取其裙而不知味在肉中; 蒸鰣魚者, 專取

---

63 군 : 자라의 등딱지 가장자리의 연한 고기를 말한다.《정자통正字通》의부衣部에 "자라 껍질 가장자리를 군裙이라고 한다.[鱉甲邊曰裙.]"라고 하였다.

其肚而不知鮮在背上. 至賤莫如醃蛋, 其佳處, 雖在黃不在白, 然全去其
白而專取其黃, 則食者, 亦覺索然矣. 且予爲此言, 竝非俗人惜福之謂, 假
使暴殄而有益于飮食, 猶之可也. 暴殄而反累於飮食, 又何苦爲之? 至於
烈炭以炙活鵝之掌, 剸刀以取生雞之肝, 皆君子所不爲也. 何也? 物爲人
用, 使之死可也, 使之求死不得不可也.

8. 지나치게 술에 취하는 것을 경계하라

일의 옳고 그름은 오직 깨어 있는 사람만 알 수 있고 음식 맛의 좋고
나쁨도 오직 깨어 있는 사람만 알 수 있다. 이윤伊尹[64]이 "맛의 정미한
부분은 말로 표현할 수 없다."라고 하였다. 말로는 표현할 수 없는데 어
떻게 큰 소리로 떠들면서 몹시 취한 사람이 맛을 알겠는가? 이따금씩
무전拇戰[65]을 하는 사람들이 맛있는 요리를 마치 나무 부스러기를 씹듯
이 정신을 집중하지 않고 음식을 먹는 것을 보았다. 이른바 술 마시는
데만 힘을 쓴다면 그 나머지 일을 어찌 알겠는가. 요리의 맛을 내는 방
법이 흔적도 없이 사라지게 될 것이다. 부득이 술을 마셔야 하는 상황
이라면 우선 정찬에서 음식을 맛보고, 이후에 정찬을 물리고 술을 마신
다면 양쪽 모두 가능하다.

---

64 이윤(?~?) : 중국 하나라 말기부터 상나라 초기의 정치가이다. 상나라 왕조의 성립
에 큰 역할을 하였다. 이름은 지摯이다.

65 무전 : 주령酒令의 하나이다. 두 사람이 동시에 손가락을 내밀며 각기 한 숫자를 말
하여, 말한 숫자와 둘이 내민 손가락의 합한 숫자가 부합하면 이기는 것으로, 진 사
람이 벌주를 마시는 놀이이다.

戒縱酒

事之是非, 惟醒人能知之; 味之美惡, 亦惟醒人能知之. 伊尹曰: "味之精
微, 口不能言也." 口且不能言, 豈有呼呶酗酒之人, 能知味者乎? 往往見
拇戰之徒, 啖佳菜如啖木屑, 心不存焉. 所謂惟酒是務, 焉知其餘, 而治味
之道掃地矣. 萬不得已, 先于正席嘗菜之味, 後于撤席逞酒之能, 庶乎其
兩可也.

9. 신선로 요리를 할 때 경계하라

겨울에 연회에 손님을 초청하면 신선로 요리를 늘 대접하는데, 손님
들 앞에서 펄펄 끓이다 보면 어느새 요리가 물리게 된다. 게다가 각 요
리의 맛을 내기 위해서 일정한 온도가 있어서 뭉근한 불을 사용해야 되
는 요리가 있고 센 불을 사용해야 되는 요리가 있으며 불을 거두어야
할 것도 있고 불을 더해야 적당한 것도 있으니, 그 차이는 순식간이라
차이를 드러내기 힘들다.

지금 동시에 솥에 불을 땐다면 요리의 맛을 더욱이 맛볼 수 있겠는
가? 요즘 사람들은 소주를 숯 대신 사용하니 좋은 방법이지만 요리가
얼마나 끓어야 하는지 몰라 결국 맛이 변하고 만다.

어떤 사람이 "요리가 식어버리면 어떻게 해야 하나요?"라고 묻기에,
내가 "솥에서 꺼낸 뜨거운 요리인데도 손님에게 그 자리에서 다 먹지 못
하게 하였고, 게다가 손님이 음식을 남겨 식었다면 그 요리가 매우 맛이

없음을 알 수 있다."라고 대답하였다.

戒火鍋

冬日宴客, 慣用火鍋, 對客喧騰, 已屬可厭; 且各菜之味, 有一定火候, 宜
文宜武, 宜撤宜添, 瞬息難差. 今一例以火逼之, 其味尙可問哉? 近人用
燒酒代炭, 以爲得計, 而不知物經多滾, 總能變味. 或問: 菜冷奈何? 曰:
以起鍋滾熱之菜, 不使客登時食盡, 而尙能留之以至于冷, 則其味之惡劣
可知矣.

10. 강요하는 것을 경계하라

잔치를 베풀어 손님을 대접하는 것은 예의이다. 그러나 한 가지 요리
를 식탁에 올렸다면 응당 손님이 젓가락을 들어 두툼한 고기를 집든 얇
은 고기를 집든, 가지런한 것을 집든 부스러기를 집든 각자 좋아하는 것
을 손님이 편한 대로 따르는 것이 도리인데, 어째서 굳이 강요하는가?
언제나 주인이 젓가락으로 음식을 가져다 손님 앞에 잔뜩 쌓아두어 접
시가 더러워지고 그릇이 파묻히도록 하는 것을 보았는데, 이는 사람을
싫증나게 한다. 손님이 손과 눈이 없는 사람도 아니고 또 어린아이나 새
색시처럼 부끄러워하면서 배고픔을 참는 사람도 아닌데, 무엇 하러 굳
이 시골 할머니나 어린아이처럼 그를 대하는가? 이는 매우 손님을 업신
여기는 것이다. 요사이 기생집에서 이러한 나쁜 습관이 더욱 많아 젓가

락으로 음식을 가져다 억지로 입에 넣어주기까지 하니, 이것은 강간하는 것이나 마찬가지로 매우 나쁜 짓이라 할만하다.

장안長安에 손님을 초대하기는 매우 좋아하면서도 요리는 맛이 없는 사람이 있었다. 어떤 손님이 "저와 그대가 사이가 좋다고 생각하시오?"라고 묻자, 주인이 "사이가 좋지요!"라고 대답하였다. 그러자 손님이 무릎을 꿇고 간청하기를 "정말로 사이가 좋다고 생각한다면 제가 그대에게 바라는 것이 있으니, 반드시 허락해 주시면 일어나겠습니다."라고 하니, 주인이 놀라며 "바라는 것이 무엇인지요?"라고 물었다. 그러자 손님이 "앞으로 그대의 집 잔치에 손님을 초청할 때 저를 제외하여 주시기 바랍니다."라고 하자, 좌중의 손님들이 크게 웃었다.

戒强讓

治具宴客, 禮也. 然一肴旣上, 理宜憑客擧箸, 精肥整碎, 各有所好, 聽從客便, 方是道理, 何必强勉讓之? 常見主人以箸夾取, 堆置客前, 汚盤沒碗, 令人生厭. 須知客非無手無目之人, 又非兒童·新婦, 怕羞忍餓, 何必以村嫗小家子之見解待之? 其慢客也至矣! 近日倡家, 尤多此種惡習, 以箸取菜, 硬入人口, 有類强姦, 殊爲可惡. 長安有甚好請客, 而菜不佳者, 一客問曰: "我與君算相好乎?" 主人曰: "相好!" 客跽而請曰: "果然相好, 我有所求, 必允許而後起." 主人驚問: "何求?" 曰: "此後君家宴客, 求免見招." 合坐爲之大笑.

11. 기름이 빠져나가는 것을 경계하라

무릇 물고기·돼지고기·닭고기·오리고기는 매우 기름진 식재료지만, 그 기름을 고기 속에 보존하여 탕으로 빠져나오지 않게 해야 그 식재료의 맛이 보존되어 옅어지지 않는다. 만약 고기 속에 있던 기름이 반 정도가 탕으로 빠져나온다면 탕의 맛은 도리어 고기 밖에 있게 되는 것이다. 그 잘못의 원인을 미루어 보면 세 가지가 있다.

첫째, 불이 너무 강하여 빨리 수분이 날아가 여러 번 물을 더 부었다.

둘째, 불이 갑자기 꺼져 꺼진 불을 다시 피웠다.

셋째, 요리가 되어가는 정도를 살피는 데 급급하여 자주 솥뚜껑을 열었다.

이렇게 하면 기름은 반드시 빠져나간다.

戒走油

凡魚·肉·雞·鴨, 雖極肥之物, 總要使其油在肉中, 不落湯中, 其味方存而不散. 若肉中之油, 半落湯中, 則湯中之味, 反在肉外矣. 推原其病有三: 一愯于火太猛, 滾急水乾, 重番加水; 一愯于火勢忽停, 旣斷復續; 一病在于太要相度, 屢起鍋蓋, 則油必走.

12. 고정된 틀에 얽매이는 것을 경계하라

당시唐詩는 가장 아름답지만 오언팔운五言八韻의 시첩시[66]를 명가에서 선택하지 않는 것은 무엇 때문인가? 고정된 틀에 얽매였기 때문이다. 시도 오히려 이와 같은데 음식도 당연히 그러할 것이다. 지금 관리들의 요리에는 16접시·8궤簋[67]·4딤섬이라고 부르는 것도 있고 만한석滿漢席[68]이라고 부르는 것도 있으며, 8소끽小喫[69]이라고 부르는 것도 있고 10대채大菜[70]라고 부르는 것도 있는데, 이러한 갖가지 세속적 이름은 모두 솜씨 없는 주방장들의 비루한 습속에서 나온 것이다. 이 요리는 다만 새 사돈[新親][71]이 방문하거나 상사가 찾아왔을 때 그럭저럭 갖추어 놓는 것들이다. 아울러 의피椅披와 탁군桌裙[72], 삽병揷屛과 향안香案[73]을 짝 지

---

66 시첩시 : 중국에서 과거시험을 치를 때에 옛사람의 시구詩句를 제목으로 정하여 시를 짓도록 하던 시체詩體를 말한다. 이렇게 정한 제목 앞에는 항상 '부득賦得'이라는 두 글자를 붙였다. 또한 시를 습작하거나 문인들의 모임에서 시제를 나누어 시를 짓거나 과거에 응시할 때 시제를 받아 시를 짓는 등의 시체를 '부득체賦得體'라고 한다.

67 궤 : 음식을 담는 제기祭器로 입구가 둥글고 양쪽에 손잡이가 달렸다.

68 만한석 : 청나라 건륭제 시대부터 시작된 만주족 요리와 한족 요리 중 산동요리에서 엄선한 종류를 갖추어 연회석에 내는 연회 양식이다. 이후 광동요리 등 한족의 다른 지방 요리도 추가되었고, 서태후의 시대가 되면서 더욱 정교하게 발전하였다. 성대한 연회의 예로는 중간에 공연물을 보거나 하면서 며칠에 걸쳐 100가지가 넘는 음식을 차례로 먹는 경우도 있었다고 한다. '만한전석滿漢全席'이라고도 불린다.

69 소끽 : 정식 식사 이외의 식사를 말한다. 술안주를 이르기도 한다.

70 대채 : 식사 때 나오는 여러 가지 요리 중에서 중심이 되는 것을 말한다.

71 새 사돈 : 혼인할 때 신랑 신부 양쪽의 가족들이 서로 부르는 호칭이다. 때로는 신부 집에서 온 사람만을 지칭하기도 한다.

웠으니 수없이 읍하고 절하는 큰 예에나 비로소 어울린다.

만약 집에서 즐겁게 잔치를 하며 시 짓고 술 마시는 자리에서 어찌 이러한 나쁜 고정된 틀에 갇힐 필요가 있겠는가? 반드시 그릇의 모양도 다양하고 음식도 여러 가지를 함께 올려야 저명하고 진귀한 기상이 있다. 우리 집의 환갑잔치나 혼사 때 걸핏하면 대여섯 개의 탁자를 두고 밖으로 주방장을 불렀는데도 고정된 틀에서 벗어나지 못하였다. 그러나 내가 훈련시켜 법도에 맞게 요리한 요리사[74]는 요리의 맛이 끝내 다른 사람들이 만든 것과 달랐다.

戒落套

唐詩最佳, 而五言八韻之試帖, 名家不選何也? 以其落套故也. 詩尙如此, 食亦宜然. 今官場之菜, 名號有'十六碟'·'八簋'·'四點心'之稱, 有'滿漢席' 之稱, 有'八小喫'之稱, 有'十大菜'之稱, 種種俗名, 皆惡廚陋習. 只可用之 于新親上門, 上司入境, 以此敷衍; 配上椅披桌裙, 揷屛香案, 三揖百拜方 稱. 若家居懽宴, 文酒開筵, 安可用此惡套哉? 必須盤碗參差, 整散雜進, 方有名貴之氣象. 余家壽筵婚席, 動至五六桌者, 傳喚外廚, 亦不免落套. 然訓練之卒, 範我馳驅者, 其味亦終竟不同.

---

72 의피와 탁군 : '의피'는 의자 등받이에 걸치는 수를 놓은 화려한 장식용 천을 이르고, '탁군'은 탁자 앞에 늘어뜨리는 사각형의 장식용 천을 말한다.

73 삽병과 향안 : '삽병'은 실내 장식용 가구로 그림이나 서예 등을 나무틀에 끼워놓고 감상하는 것이고, '향안'은 향로를 올려놓은 받침대를 말한다.

74 법도에……요리사 : 법도에 맞게 요리한 요리사를 비유하여 이른 말이다. 《맹자》〈등 문공滕文公 하下〉에, 조간자趙簡子의 명으로 조간자가 총애하는 신하를 위해 수레를 몰던 왕량王良이 "내가 그를 위해 법도대로 수레 몰았더니 종일토록 1마리의 짐승도 잡지 못하였고, 이번에는 그를 위하여 부정한 방법으로 짐승을 만나게 하였더니 하루아침에 10마리의 짐승을 잡았다.[吾爲之範我馳驅, 終日不獲一. 爲之詭遇, 一朝而 獲十.]"라는 구절에서 유래하였다.

13. 혼탁한 것을 경계하라

혼탁이라는 것은 농후함을 말하는 것이 전혀 아니다. 예컨대 같은 탕이라도 눈으로 보면 검지도 희지도 않은 것이 마치 항아리 속에 휘저어놓은 물과 같고, 동일한 짠맛이라도 먹어보면 맑지도 않고 기름지지도 않은 것이 마치 염색하는 항아리에서 쏟아내는 물과 같다면 이러한 색과 맛은 사람을 참기 어렵게 한다. 그러한 결점을 고치는 방법으로 결국에는 식재료를 깨끗이 씻고 양념을 더하며 물색과 불의 세기를 잘 살피며 맛이 신지 짠지를 맛보아서 요리를 먹는 사람들의 혀에 껍질이나 막이 있는 것 같은 혐오스러운 맛이 느껴지지 않도록 하는 데 달려 있다. 유자산庾子山[75]의 논문[76]에 "쓸쓸히 참된 원기는 없고 멍하니 세속의 마음만 있네."라고 하였는데, 이것이 바로 혼탁을 이르는 것이다.

戒混濁

混濁者, 竝非濃厚之謂. 同一湯也, 望去非黑非白, 如缸中攪渾之水. 同一鹵也, 食之不淸不膩, 如染缸倒出之漿. 此種色味令人難耐. 救之之法, 總在洗淨本身, 善加作料, 伺察水火, 體驗酸鹹, 不使食者舌上有隔皮隔膜之

---

75 유자산 : '자산子山'은 유신庾信(513~581)의 자이다. 《춘추좌씨전春秋左氏傳》에 뛰어나, 그의 문풍이 '서유체徐庾體'로 일컬어졌다. 48세 때 원제元帝의 명을 받아 북조北朝의 서위西魏에 사신으로 파견되어 그곳에서 억류당하였다. 평생토록 두터운 예우를 받았으나 양나라에 대한 연모의 정을 잊지 못해 ㅗ 비통한 심정을 청신한 형식의 시문으로 표현하였다. 이 작품은 양나라 시절의 화려한 작풍과는 전혀 그 형식을 달리하는 것으로 남북조의 시문을 집대성하고 당대唐代 율시律詩의 선구가 되었다. 저서로 《유자산문집庾子山文集》이 있다.

76 논문 : 〈의영회擬詠懷〉의 한 구절이다.

嫌. 庚子(田)[山]⁷⁷論文云: "索索無眞氣, 昏昏有俗心." 是卽混濁之謂也.

14. 대충 요리하는 것을 경계해야 한다

모든 일은 대충해선 안 된다. 더구나 음식에 있어서는 더욱 심하다. 요리사는 모두 식견이 얕고 하찮은 자질을 갖춘 사람으로 하루라도 상이나 벌을 주지 않으면 하루에도 반드시 게을러 맡은 일에 소홀히 하는 마음이 생겨난다. 불기운이 고르게 이르지 않아 덜 익었는데도 억지로 음식을 목으로 넘겼다면 다음날 요리는 반드시 더더욱 덜 익힐 것이다. 요리의 참맛을 이미 잃어버렸는데도 참고 말하지 않는다면 다음 번 국은 반드시 대충 끓여 올 것이다. 게다가 지금껏 공연히 상을 주고 공연히 벌을 준 것이 되고 말 뿐만 아닐 것이다.

맛있는 요리는 맛있게 되는 원인을 일러주고 맛없는 요리는 맛없게 되는 까닭을 탐구해야 한다. 음식의 간은 꼭 적당하게 해야지 조금이라도 더하거나 덜해서는 안 된다. 요리를 하는 시간도 반드시 적당하게 해야지 맘대로 그릇에 담아서는 안 된다. 요리사가 편안함을 추구하면 먹는 사람도 편안함을 따르게 되니, 이러한 것들은 모두 음식의 큰 폐단이다. 자세히 묻고 신중히 생각하며 밝게 분변하는 것⁷⁸은 학문을 하는

---

77 (田)[山] : 저본에는 '田'으로 되어 있으나, 청清 건륭임자乾隆壬子 소창산방장판본小倉山房藏版本에 의거하여 '山'으로 바로잡았다.

78 자세히……분변하는 것 : 《중용장구》 제20장에 학문을 하는 데서는 "널리 배우며,

방법이다. 수시로 지적하고 가르치고 배우면서 서로 발전하게 하는 것
이 스승된 사람의 도리이다. 그러하니 음식의 맛에서만 어찌 그렇지 않
겠는가?

戒苟且

凡事不宜苟且, 而于飮食尤甚. 廚者, 皆小人下材, 一日不加賞罰, 則一日必
生怠玩. 火齊未到而姑且下咽, 則明日之菜必更加生. 眞味已失而含忍不
言, 則下次之羹必加草率. 且又不止空賞空罰而已也. 其佳者, 必指示其所
以能佳之由; 其劣者, 必尋求其所以致劣之故. 鹹淡必適其中, 不可絲毫
加減; 久暫必得其當, 不可任意登盤. 廚者偸安. 喫者隨便, 皆飮食之大弊.
審問愼思明辨, 爲學之方也; 隨時指點, 敎學相長, 作師之道也. 于味何獨
不然?

자세히 물으며, 신중히 생각하며, 밝게 분변하며, 독실히 행하여야 한다.[博學之, 審
問之, 愼思之, 明辨之, 篤行之.]"라는 구절이 있다.

Ⅲ.
해물에 대한 항목

옛날 팔진八珍[79]에는 해물에 관한 설명이 없다. 그러나 지금 세속에는 이를 높게 여기니, 부득이 나는 사람들의 뜻을 따라 '해물에 대한 항목'을 짓는다.

海鮮單

古八珍, 竝無海鮮之說. 今世俗尙之, 不得不吾從衆, 作〈海鮮單〉.

---

[79] 팔진 : 《주례周禮》〈천관天官 선부膳夫〉의 주注에는, 기장밥 위의 젓갈[淳母]·쌀밥 위의 젓갈[淳熬]·통돼지 구이[炮豚]·통암양 구이[炮牂]·소·양 등의 등심을 저미고 두드린 고기[擣珍]·소고기절임[漬]·육포[熬]·간에 기름을 발라 구운 요리[肝膋]를 팔진미라 하였는데, 《군서습타群書拾唾》에는 뱀 간[龍肝]·닭 골[鳳髓]·토끼 태반[兎胎]·잉어 꼬리[鯉尾]·물수리 구이[鶚炙]·원숭이 입술[猩脣]·곰 발바닥[熊掌]·유제품[酥酪]을 팔진미라고 하였다.

1. 제비집

제비집은 귀한 식재료이기 때문에 원래 함부로 사용해서는 안 된다. 만약 쓴다면 그릇마다 반드시 2냥(75g)의 제비집을 담고 먼저 천천수天 泉水[80]를 끓여 뜨거운 물에 담가 불린 다음 은으로 만든 침으로 제비집 에 붙은 검은 실과 같은 잡티를 제거한다. 연한 닭육수와 질 좋은 화퇴 국물, 3종류의 신선한 버섯 국물과 제비집을 한데 넣고 끓이다가 제비 집의 빛깔이 옥색으로 변하는 것이 보이면 그만 끓인다.

이 식재료는 매우 정결하여 기름진 것과 섞어서는 안 되고, 매우 부드 러워 질긴 식재료와 혼합해서도 안 된다. 지금 사람들은 채 썬 돼지고 기나 채 썬 닭고기와 섞어 요리를 하니, 이는 채 썬 닭고기나 채 썬 돼지 고기를 먹는 것이지 제비집을 먹는 것이 아니다. 또 한갓 제비집이라는 이름에만 힘써 이따금 3전(11.25g)의 생제비집으로 그릇의 면을 덮은 것 이 마치 몇 올의 흰 머리카락 같아서 손님이 한번 들어 올리면 보이지도 않고 공연히 보잘 것 없는 음식만 그릇에 가득할 뿐이다. 참으로 거지가 부자인 척하다가 도리어 가난한 실상이 탄로나는 꼴이다. 부득이하다면 채 썬 버섯과 채 썬 죽순 끝, 붕어뱃살과 얇게 썬 부드러운 꿩고기는 그 래도 함께 사용할 만하다.

내가 광동 양난파楊蘭坡[81]의 관부에 도착하여 맛본 동아제비집요리는 매우 맛이 있었다. 부드러운 식재료를 부드러운 재료에 배합하고 정결

---

80 천천수 : 빗물·이슬·눈을 녹인 물 등을 가리킨다.

81 양난파 : 양국림楊國霖이다. 자세한 내용은 p.57 역주 62) 참고.

한 식재료를 정결한 재료에 넣었는데, 이는 다만 닭고기 국물과 버섯 국물에 역점을 두어 사용하였을 뿐이기 때문이다.

제비집은 모두 옥색이지 순수한 흰색은 아니다. 간혹 다져서 완자를 만들기도 하고 두드려 가루를 내어 국수를 만들기도 하는데 이는 모두 이치에 맞지 않는 것이다.

燕窩

燕窩貴物, 原不輕用. 如用之, 每碗必須二兩, 先用天泉滾水泡之, 將銀針挑去黑絲. 用嫩雞湯·好火腿湯·新蘑菇三樣湯滾之, 看燕窩變成玉色爲度. 此物至淸, 不可以油膩雜之; 此物至文, 不可以武物串之. 今人用肉絲·雞絲雜之, 是喫雞絲·肉絲, 非喫燕窩也. 且徒務其名, 往往以三錢生燕窩蓋碗麵, 如白髮數莖, 使客一撩不見, 空剩蠹物滿碗. 眞乞兒賣富, 反露貧相. 不得已則蘑菇絲·笋尖絲·鯽魚肚·野雞嫩片, 尙可用也. 余到粤東楊明府, 冬瓜燕窩甚佳, 以柔配柔, 以淸入淸, 重用雞汁·蘑菇汁而已. 燕窩皆作玉色, 不純白也. 或打作團, 或敲成麵, 俱屬穿鑿.

2. 해삼을 요리하는 세 가지 방법

해삼은 무미한 식재료로 모래가 많고 비린내가 나서 맛있는 요리를 만들기 어렵다. 이렇게 선천적으로 비린내가 짙은 식재료는 절대로 맹물에 끓여서는 안 된다. 반드시 작은 가시가 달린 해삼을 골라 먼저 물에 담근 다음 모래와 뻘을 제거한 다음 돼지고기 육수에 넣고 세 소끔 끓인 뒤에 닭고기와 돼지고기 육수를 넣고 아주 흐물흐물해질 때까지 푹 끓인다. 부재료는 표고버섯과 목이버섯을 사용하니, 검은색이 비슷하기 때문이다.

대개 내일 손님을 초청한다면 하루 앞서 해삼을 삶아야 비로소 충분히 삶을 수 있다. 항상 보면 전관찰錢觀察[82]의 집에서는 여름에 겨잣가루와 닭육수를 채 썰어 놓은 찬 해삼과 버무려 내놓으니 매우 맛이 좋았다. 간혹 해삼을 작게 깍둑 썰고, 깍둑 썬 죽순과 깍둑 썬 표고버섯을 닭 육수에 넣고 국을 끓여 내놓기도 한다. 장시랑蔣侍郎[83]의 집에서는 두부피와 닭 다리, 버섯을 해삼과 끓여 내놓으니, 이것도 맛이 있다.

海參三法

海參, 無味之物, 沙多氣腥, 最難討好. 然天性■[濃][84]重, 斷不可以淸湯煨也. 須檢小刺參, 先泡去沙泥, 用肉湯滾泡三次, 然後以雞·肉兩汁紅煨極爛. 輔佐則用香蕈·木耳, 以其色黑相似也. 大抵明日請客, 則先一日要煨海參才爛. 常見錢觀察家, 夏日用芥末·雞汁, 拌冷海參絲, 甚佳. 或切小碎丁, 用笋丁·香蕈丁入雞湯煨作羹. 蔣侍郎家, 用豆腐皮·雞腿·蘑菇煨海參, 亦佳.

---

82 전관찰 : 전기錢琦(1709~1790)를 이르는데, 자는 상인相人·상순湘純이고, 호는 경석노인耕石老人이다. 청나라 관리이자 시인이다. 건륭乾隆 2년(1737) 진사 출신으로 서길사庶吉士, 한림원편수翰林院編修, 하남도어사河南道御史, 강소안찰사江蘇按察使, 복건포정사福建布政使 등을 지냈다. 지서로《징벽재시초澄碧齋詩鈔》등이 있다.

83 장시랑 : 장사계蔣賜棨(1730~1802)로 추정된다. 장사계는 자가 극문戟門이고 호부좌시랑戶部左侍郎을 지냈다.

84 ■[濃] : 저본에는 먹이 번져 글자를 알아볼 수 없다. 청淸 건륭임자乾隆壬子 소창산방장판본小倉山房藏版本과 수원장판본隨園藏版本에 의거하여 '濃'을 보충하였다.

3. 상어지느러미를 요리하는 두 가지 방법

상어지느러미는 물러질 때까지 삶는 것이 매우 어렵다. 반드시 이틀
은 삶아야 단단한 기운을 억눌러 부드럽게 할 수 있다. 이를 이용하여
요리하는 두 가지 방법이 있다.

하나는 질 좋은 화퇴火腿와 질 좋은 닭 육수에 신선한 죽순과 얼음사
탕 1전(3.75g) 정도를 넣어 충분히 삶는 것이 한 가지 방법이다. 또 하나
는 순수한 닭 육수와 가늘게 채 썬 무를 넣고 상어지느러미를 결대로
찢어 그 사이에 섞어 두면 그릇 위에 떠오르는데, 먹는 사람이 무채인지
상어지느러미인지 구분하지 못하게 하는 것이 또 한 가지 방법이다.

화퇴를 사용할 경우에는 국물을 적게 해야 하고, 무채를 사용할 경우
에는 국물을 많게 해야 한다. 두 가지 방법 모두 상어지느러미의 부드럽
고 매끈한 맛을 조화시켜 맛있게 한 것이다. 만약 해삼이 뻣뻣해서 먹
을 때 코끝에 부딪히거나 상어지느러미가 부드럽지 못해 젓가락질할 때
미끄러져 상 밖으로 떨어지면 웃음꺼리가 되고 만다.

오도사吳道士의 집에서는 상어지느러미를 요리할 때 아래쪽은 사용
하지 않고 다만 위쪽 두꺼운 부분만 사용하니 이 역시 풍미가 있다. 채
썬 무는 세 차례 물기를 짜내야 냄새가 겨우 제거된다. 항상 곽경례郭耕
禮[85]의 집에 서는 상어지느러미볶음을 먹었는데 매우 맛이 묘하였다. 그
러나 애석하게도 요리법이 전하지 않는다.

---

85 곽경례(?~?) : 섬서성陝西省 경양涇陽 사람으로, 옹정雍正 7년(1729)에 휴령현승睢寧
    縣丞에 임명되었다.

魚翅二法

魚翅難爛, 須煮兩日, 才能摧剛爲柔. 用有二法: 一用好火腿·好雞湯, 加
鮮笋·氷糖錢許煨爛, 此一法也; 一純用雞湯串細蘿蔔絲, 拆碎鱗翅, 攪
和其中, 飄浮碗面, 令食者, 不能辨其爲蘿蔔絲·爲魚翅, 此又一法也. 用
火腿者, 湯宜少; 用蘿蔔絲者, 湯宜多. 總以融洽柔膩爲佳. 若海參觸鼻,
魚翅跳盤, 便成笑話. 吳道士家做魚翅, 不用下鱗, 單用上半厚根, 亦有風
味. 蘿蔔絲, 須出水三[86]次, 其臭才去. 常在郭耕禮家, 喫魚翅炒菜, 妙絶.
惜未傳其方法.

4. 전복

전복은 얇게 저며서 볶는 것이 매우 맛이 있다. 양중승楊中丞[87]의 집
에서는 얇게 저며서 두부가 들어간 닭 육수에 넣어 '전복두부'라고 부르
고, 그 위에 진조유陳糟油[88]를 곁들였다. 장태수莊太守[89]는 통전복을 손
질한 오리에 넣고 끓였는데, 이것도 특별한 풍미가 있었다. 다만 질겨서

---

86 三 : 저본과 청清 건륭임자乾隆壬子 소창산방장판본본小倉山房藏版本에는 '三'으로 되
　어 있고, 수원장판본隨園藏版本에는 '二'로 되어 있다.

87 양중승 : 양석불楊錫紱(1691~1768)을 말한다. 자는 방래方來이고, 호는 난원蘭畹이
　다. 병부상서兵部尙書 등을 지냈고, 저서로 《사지당집四知堂集》이 있다.

88 진조유 : 찹쌀로 만든 술에 정향丁香·감초甘草·표고버섯·회향茴香·소금 따위를 넣
　어 1년쯤 재운 양념을 이르는데, 강소성江蘇省 태창시太倉市의 특산물이다. 여기서
　'진陳'은 '묵혀두다'는 뜻으로 '묵은 조유'를 말한다.

89 장태수 : 장경여莊經畬(1711~1765)를 말한다. 자는 정오井五이고, 호는 연농硏農·염농
　念農이다.

이로 씹을 수 없으니, 뭉근한 불로 3일은 끓여야 비로소 살이 물러진다.

鰒魚

鰒魚, 炒薄片甚佳. 楊中丞家, 削片入雞湯豆腐中, 號稱'鰒魚豆腐'; 上加
陳糟油澆之. 莊太守用大塊鰒魚煨整鴨, 亦別有風趣. 但其性堅, 終不能
齒決, 火煨三日, 才拆得碎.

5. 홍합

홍합은 돼지고기탕에 넣고 끓이면 꽤 맛이 좋으며, 홍합 살만 발라내
고 내장을 제거하고 나서 술에 볶아도 맛이 괜찮다.

淡菜

淡菜, 煨肉加湯, 頗鮮, 取肉去心, 酒炒亦可.

6. 멸치

멸치는 영파寧波[90] 지역에서 잡히는 작은 물고기로, 마른 새우[91]와 같

---

90 영파 : 절강성浙江省에 속한 항구가 있는 영파부寧波府를 말한다.
91 마른 새우 : 말려서 껍질과 머리를 제거한 새우, 또는 작은 새우를 말한다.

은 맛이 난다. 그것을 이용하여 계란을 찌면 매우 맛이 있다. 간단한 반 찬을 만들어도 맛이 있다.

海蝘

海蝘[92], 寧波小魚也, 味同蝦米, 以之蒸蛋甚佳. 作小菜亦可.

7. 오징어 알

오징어 알은 가장 산뜻한 맛이 나지만 요리하기는 가장 어렵다. 반드 시 강물로 끓이고 모래와 비린내를 제거하고 나서 다시 닭 육수와 버섯 을 곁들여 뭉근한 불로 충분히 삶아야 한다. 사마司馬 공운약龔雲若[93]의 집에서 만든 오징어 알 요리가 가장 맛이 뛰어나다.

烏魚蛋

烏魚蛋, 最鮮, 最難服事. 須河水滾透, 撤沙去腺, 再加雞湯·蘑菇煨爛. 龔 雲若司馬家, 製之最精.

---

92 海蝘 : 해연海蜒이라고도 하니, 멸치이다.

93 공운약 : '운약雲若'은 공운장龔如璋(?~?)의 자이다. 원매가 강녕江寧에서 벼슬을 하 고 있을 때 교분을 맺은 사람이다.

8. 꼬막

꼬막은 영파寧波 지역에서 생산되는데, 요리하는 방법은 새꼬막이나 긴맛과 동일하다. 신선하고 아삭아삭하는 맛이 있지만 관자가 있기 때문에 껍질을 가를 때 버리는 것은 많고 취하는 것은 적다.

江瑤柱

江瑤柱[94], 出寧波, 治法與蚶·蟶同. 其鮮脆, 在柱故剖殼時, 多棄少取.

9. 굴

굴은 돌 위에서 자란다. 껍질이 돌에 붙어 있어서 떨어지지 않는다. 까낸 살로 국을 끓이면 새꼬막이나 대합조개를 넣어 끓인 국과 맛이 비슷하다. 일명 '귀안鬼眼'이다. 낙청樂淸과 봉화奉化[95] 두 현縣의 토산물로 다른 지역에서는 생산되지 않는다.

---

94 江瑤柱 : 꼬막으로, 강요주江瑤珠·괴륙魁陸·괴합魁蛤·복로伏老·살조개·와롱자瓦壟子 등으로도 불린다.
95 낙청과 봉화 : '낙청'은 절강성浙江省 온주부溫州府 동북쪽 연해에 있고, '봉화'는 절강성에 있는 지역으로 명나라·청나라 때 영파부寧波府에 속했던 곳이다.

蠣黃

蠣黃, 生石子上. 殼與石子膠粘不分. 剝肉作羹, 與蚶·蛤相似. 一名鬼眼.
樂淸·奉化兩縣土産, 別地所無.

IV.
민물고기에 대한 항목

곽박[96]이 지은 〈강부〉에는 실려 있는 물고기 종류는 매우 많다. 그 가운데 지금 흔한 것을 골라 모아서 '민물고기에 대한 항목'을 짓는다.

江鮮單

郭璞〈江賦〉魚族甚繁. 今擇其常有者治之, 作〈江鮮單〉.

---

96 곽박(276~324) : 자는 경순景純이고, 중국 진晉나라 학자이다. 유곤劉琨과 더불어 서진西晉 말기부터 동진에 걸친 시풍을 대표하는 시인이다. 〈유선시遊仙詩〉 14수가 특히 유명하다.

1. 웅어[97]를 요리하는 두 가지 방법

웅어는 꿀을 넣어 발효시킨 술과 맑은 간장을 그릇에 넣어 준치를 요리하는 방법대로 찌는 것이 가장 맛이 있다. 물을 부을 필요가 없다. 만약 가시가 많은 것이 싫으면 날카로운 칼로 살을 얇게 잘라 집게로 뼈를 뽑아내면 된다. 화퇴 국물과 닭 육수와 죽순 국물을 이용하여 뭉근한 불로 끓이면 매우 맛이 묘하다. 남경[金陵] 사람들은 가시가 많은 것을 두려워하여 마침내 기름에 바싹 튀기고 나서 졸인다. 속담에 "곱사의 등을 곧게 하면 그 사람은 죽는다."란 말이 있으니 이를 두고 하는 말이다.

날카로운 칼을 사용하여 물고기의 등을 비스듬히 잘라 뼈를 다 자르고 다시 솥에 넣고 졸이다가 노릇노릇해질 때 양념을 더하면 먹을 때 뼈가 있는 줄도 모르니, 이것은 무호蕪湖[98]의 도대태陶大太[99]가 요리하는 방법이다.

刀魚二法

刀魚, 用蜜酒釀·淸醬, 放盤中, 如鰣魚法, 蒸之最佳. 不必加水. 如嫌刺多, 則將極快刀刮取魚片, 用鉗抽去其刺. 用火腿湯·雞湯·笋湯煨之, 鮮妙絶倫. 金陵人畏其多刺, 竟油炙極枯, 然後煎之. 諺曰: "駝背夾直, 其人不活." 此之謂也. 或用快刀, 將魚背斜切之, 使碎骨盡斷, 再下鍋煎, 黃加作

---

97 웅어 : 바다에서 살다가 매년 2~3월경에 강으로 올라와 산란한다. '양자강 세 물고기[長江三鮮]'의 하나이다.

98 무호 : 지금의 안휘성安徽省 양자강 연안에 있는 무역항이다.

99 도대태 : 건륭연간(1736~1796)에 무호 지역의 이름난 요리사로 갈치요리를 처음 만든 사람으로 알려졌다.

料, 臨食時, 竟不知有骨: 蕪湖陶大太法也.

2. 준치[100]

준치는 밀주蜜酒[101]로 쪄서 먹는다. 웅어를 요리하는 방법대로 한다면 맛이 있다. 간혹 기름으로 지져서 맑은 간장과 발효주를 더해도 맛이 있다. 작게 썰어서 닭 육수를 더해 끓이거나 준치의 등뼈를 제거하고 뱃살로만 삶으면 참맛은 완전히 사라지게 된다.

鰣魚

鰣魚, 用蜜酒蒸食, 如治刀魚之法便佳. 或竟用油煎, 加淸醬·酒釀亦佳. 萬不可切成碎塊, 加雞湯煮; 或去其背, 專取肚皮, 則眞味全失矣.

3. 철갑상어

윤문단尹文端[102] 공이 자신이 만든 철갑상어요리가 가장 맛있다고 스

---

100 준치 : 난해성 어류로 산란을 위해 큰 강 하류나 하구에 내유來遊하며, 때로 내륙 깊숙이 강을 거슬러 올라가기도 한다.

101 밀주 : 꿀에 누룩을 섞어 빚은 술을 말한다.

102 윤문단 : 윤계선尹繼善(1695~1771)을 말한다. 자는 원장元章이고, 호는 망산望山이

스로 자랑을 하였지만 뭉근한 불에 너무 오래 익혀 자못 걸쭉하고 탁한 맛이 나서 싫었다. 소주蘇州의 당씨唐氏[103] 집에서 먹어본 철갑상어를 얇게 썰어 볶은 요리가 매우 맛있었다. 조리하는 방법은 얇게 썬 철갑상어를 기름에 튀기고 술과 추유秋油[104]를 넣고 30 소끔 끓이다가 물을 더 붓고 다시 끓이고 나서 양념을 하는데, 과강瓜薑[105]과 잘게 썬 파를 사용한다.

또 다른 방법으로 물에 철갑상어를 넣고 10번을 끓여 큰 뼈를 제거하고 살을 잘게 썰고 명골明骨[106]을 잘게 썬다. 닭 육수에서 거품을 걷어내고 우선 명골을 80% 정도를 익히고 술과 추유를 더한다. 다시 살을 넣고 나머지 20% 정도를 충분히 끓이고 파·산초·부추를 더한 다음 생강즙을 큰 잔으로 1잔 넣는다.

鱘魚

尹文端公, 自誇治鱘魚最佳. 然煨之太熟, 頗嫌重濁. 惟在蘇州唐氏, 喫炒鰉魚片甚佳. 其法切片油炮, 加酒·秋油滾三十次, 下水再滾起鍋, 加作料, 重用瓜薑·蔥花. 又一法, 將魚白水煮十滾, 去大骨, 肉切小方塊, 取明骨切小方塊; 雞湯去沫, 先煨明骨八分熟, 下酒·秋油, 再下魚肉, 煨二分爛起鍋, 加蔥·椒·韭, 重用薑汁一大杯.

다. 한림원장원학사翰林院掌院學士 등을 지냈다. 저서로 《윤문단공시집尹文端公詩集》 등이 있다.

103 당씨(?~?) : 어떤 사람인지 자세하지 않다.

104 추유 : 입추 때부터 밤 서리가 내리는 깊은 가을에 첫 번째로 거른 간장을 말한다.

105 과강 : 오이와 된장에 절인 생강을 말한다.

106 명골 : 상어나 가오리 등의 연골을 말한다.

4. 황어[107]

황어를 잘게 썰어서 간장과 술에 2시간을 재웠다가 물기를 뺀다. 솥에 넣고 센 불로 양쪽을 살짝 노릇하게 튀긴 다음 금화金華[108]의 두시豆豉[109]를 찻잔으로 1잔, 감주 1그릇, 추유秋油 작은 잔으로 1잔을 넣고 함께 끓인다. 국물이 붉은색이 될 때까지 기다렸다가 설탕을 넣고 과강瓜薑을 넣는데, 과강을 오래 담가둘수록 향이 짙은 묘한 맛이 난다.

또 다른 방법으로 황어를 잘게 썰어 닭 육수에 넣고 국을 끓인다. 단맛 간장과 녹말가루를 조금 넣어도 맛이 있다. 대개 황어도 걸쭉하게 요리해야 하는 식재료에 속하니 담백한 맛이 나도록 조리해서는 안 된다.

黃魚

黃魚切小塊, 醬酒鬱一個時辰, 瀝乾. 入鍋爆炒兩面黃, 加金華豆鼓一茶杯, 甜酒一碗, 秋油一小杯, 同滾. 候鹵乾色紅, 加糖, 加瓜薑收起, 有沈浸濃郁之妙. 又一法, 將黃魚拆碎, 入雞湯作羹, 微用甜醬水·縴粉收起之, 亦佳. 大抵黃魚, 亦系濃厚之物, 不可以淸治之也.

---

107 황어 : 잉어과의 민물고기로. 몸길이는 10~45cm 정도고, 방추형이며, 등은 검푸른 빛깔, 옆구리와 배는 흰 빛깔이다. 바다와 강이 만나는 곳에 많이 산다.
108 금화 : 명나라 때 두었던 부府로, 절강성浙江省 금화시金華市에 있었다.
109 두시 : 콩을 발효시켜 만든 양념의 일종이다.

5. 복어[110]

복어는 가장 살이 부드럽다. 껍질을 벗기고 내장을 제거하여 간과 고기를 분리하고 닭 육수를 넣고 뭉근한 불로 삶는다. 술 3푼(1.125g), 물 2푼(0.75g), 추유秋油 1푼(0.375g)을 넣는데, 끓일 때 생강즙을 큰 그릇으로 1그릇, 파 몇 줄기를 넣으면 비린내를 제거할 수 있다.

班魚

班魚最嫩, 剝皮去穢, 分肝·肉二種, 以雞湯煨之, 下酒三分·水二分·秋油一分; 起鍋時, 加薑汁一大碗·蔥數莖, 殺去腥氣.

6. 게살 맛 황어살[111]

황어 2마리를 삶아서 살을 취하고 뼈는 제거한다. 소금에 절인 날계란 4개를 풀고 생선살이 뒤섞이지 않도록 한다. 기름을 두르지 않은 솥에 넣고 센 불로 재빨리 볶은 다음 닭 육수를 넣고 끓인다. 육수가 끓으면 소금에 절인 계란을 솥에 넣고 잘 저으며, 표고버섯·파·생강즙·술을 넣는다. 먹을 때 입맛에 따라 식초를 친다.

---

110 복어 : 하돈河豚의 일종으로, 산란기 때 강을 거슬러 올라오는 회귀성 어종이다.
111 게살 맛 황어살 : 황어살이 게살 맛이 나도록 요리한 것을 말한다.

假蟹

煮黃魚二條, 取肉去骨, 加生鹽蛋四個, 調碎, 不拌入魚肉; 起油鍋炮, 下
雞湯滾, 將鹽蛋攪勻, 加香蕈·蔥·薑汁·酒, 喫時酌用醋.

I.
돼지고기에 대한 항목

돼지고기는 요리에 가장 많이 사용되니 '광대교주廣大教主[1]'라고 할
만하다. 옛날 사람은 특돈特豚[2]과 궤식饋食[3]의 예를 두었으므로, '돼지
고기에 대한 항목'을 짓는다.

特牲[4]單

猪用最多, 可稱廣大教主. 宜古人有特豚饋食之禮, 作〈特牲單〉.

---

1 광대교주 : 불교에서 말하는 석가모니를 이르는 말로, 요리에 매우 널리 사용되어 으
  뜸의 자리를 차지한다는 뜻으로 이른 말이다.

2 특돈 : 1마리의 통돼지를 말한다. 《의례儀禮》〈사관례士冠禮〉에 "만약 희생을 쓴다면
  돼지 1마리를 쓴다.[若殺則特豚.]"라는 구절이 있다.

3 궤식 : 천자나 제후가 매달 초하루마다 올리는 제례祭禮의 하나이다. 《주례周禮》〈춘관
  春官 대종백大宗伯〉에 "궤식으로 선왕을 제향하다.[以饋食享先王.]"라는 구절이 있다.

4 特牲 : 《국어國語》〈초어楚語 하下〉에 "대부는 거제를 올릴 때는 특생을 사용하고 사
  제를 올릴 때는 소뢰를 사용한다.[大夫擧以特牲, 祀以小牢.]"라고 하였는데 위소韋昭
  의 주에 "특생은 돼지다.[特牲, 豕也.]"라고 하였다.

1. 돼지머리를 요리하는 두 가지 방법

깨끗이 씻은 5근(3kg)짜리 돼지머리는 감주 3근(0.054ℓ)을 사용하고,
7~8근(4.2~4.8kg)짜리 돼지머리는 감주 5근(0.09ℓ)을 사용한다. 먼저
돼지머리를 솥에 담고 술과 함께 끓이다가 파 30뿌리와 팔각八角[5] 3전
(11.25g)을 넣는다. 큰 거품이 200여 번 정도 끓어오르면 추유秋油 큰 잔
으로 1잔과 설탕 1냥(37.5g)을 넣고 익기를 기다렸다가 짠지 싱거운지를
맛보고 나서 다시 추유를 알맞게 넣어 간을 맞춘다. 돼지머리 위로 1촌
(3.3cm) 정도 잠길 때까지 물을 더 붓고 무거운 것으로 눌러 두고 센 불
에 1개의 향이 탈 때(2시간)까지 익힌다. 그런 다음 센 불을 약한 불로 줄
이고 고기에 기름이 덮이는 정도를 가늠하면서 졸인다. 충분히 익으면
곧바로 솥뚜껑을 열어야 하는데, 늦게 열면 기름이 너무 많이 빠진다.

또 다른 방법은 나무통 1개에 구리로 만든 찜발로 중간을 막고 씻은
돼지머리에 양념을 한 다음 통속에 담고 통의 입구를 꼭 막은 뒤 뭉근
한 불로 찐다. 돼지머리가 충분히 익으면서 기름과 더러운 불순물이 통
밖으로 빠져 나오니 묘한 방법이다.

猪頭二法

洗淨五斤重者, 用甜酒三斤; 七八斤者, 用甜酒五斤. 先將猪頭下鍋同酒
煮, 下蔥三十根·八角三錢, 煮二百餘滾; 下秋油一大杯·糖一兩, 候熟後

---

5 팔각 : 붓순나무로, 회향茴香의 한 종류이다. '팔각회향八角茴香'이라고도 한다. 열매
  가 팔각인 데서 이르는 말로, 맛이 진하고 향이 좋아서 말린 다음 빻아서 양념으로 사
  용한다.

嘗鹹淡, 再將秋油加減; 添開水要漫過猪頭一寸, 上壓重物, 大火燒一炷
香; 退出大火, 用文火細煨, 收乾以膩爲度; 爛後卽開鍋蓋, 遲則走油. 一
法打木桶一個, 中用銅簾隔開, 將猪頭洗淨, 加作料, 悶入桶中, 用文火隔
湯蒸之, 猪頭熟爛, 而其膩垢悉從桶外流出, 亦妙.

2. 돼지 족발을 요리하는 네 가지 방법

돼지 족발 1개에 발톱을 제거하고 물에 충분히 삶아 물러지면 삶은
물을 버린 다음, 좋은 술 1근(0.5ℓ), 맑은 간장 술잔으로 반 잔, 말린 귤
껍질 1전(3.75g), 붉은 대추 4~5개를 넣고 충분히 삶는다. 삶을 때 파·
산초·술을 끼얹고, 말린 귤껍질과 붉은 대추를 제거하는 것이 한 가지
방법이다.

또 다른 방법은 먼저 물 대신 마른 새우 육수를 사용하는데 술과 추
유秋油를 넣고 뭉근한 불로 삶는다.

또 다른 방법은 돼지 족발 1개를 우선 삶고 식물성 기름에 껍질이 주
글주글하게 튀긴 다음, 다시 양념을 더하여 붉은색이 나도록 뭉근한 불
로 졸인다. 어떤 지방 사람들은 껍질을 먼저 집어 먹기 때문에 '게단피揭
單被'라고 한다.

또 다른 방법은 돼지 족발 1개를 사발에 담고 술과 추유를 넣은 뒤
다른 사발을 뚜껑처럼 덮고서 물과 떨어뜨려 찐다. 2개의 향이 탈 때(약
4시간)[6]까지 만큼 찌는데 이를 '신선육神仙肉'이라고 부른다. 전관찰錢觀

察[7]의 집에서 만든 돼지 족발 요리가 가장 맛이 뛰어났다.

猪蹄四法

蹄膀一隻, 不用爪, 白水煮爛, 去湯, 好酒一斤, 淸醬酒杯半, 陳皮一錢, 紅棗四五個, 煨爛. 起鍋時, 用蔥·椒·酒潑入, 去陳皮·紅棗, 此一法也. 又一法: 先用蝦米煎湯代水, 加酒·秋油煨之. 又一法: 用蹄膀一隻, 先煮熟, 用素油灼皺其皮, 再加作料紅煨. 有土人好先掇食其皮, 號稱揭單被. 又一法: 用蹄膀一個, 兩鉢合之, 加酒·加秋油, 隔水蒸之, 以二枝香爲度, 號神仙肉. 錢觀察家制最精.

3. 돼지 발가락과 돼지 힘줄

돼지 발가락만 취해 큰 뼈를 제거하고 닭 육수를 사용하여 맑게 뭉근한 불로 삶는다. 힘줄은 맛이 발가락과 같기 때문에 배합하여 요리할 수 있다. 만약 좋은 돼지 발가락이 있다면 또한 힘줄을 넣어서 요리할 수 있다.

猪爪·猪筋

專取猪爪, 剔去大骨, 用雞肉湯淸煨之. 筋味與爪相同, 可以搭配; 有好腿爪, 亦可攙入.

---

6 2개의……때 : 옛날 향이 타는 것을 기준으로 시간을 계산하였는데, 2시간 동안 1개의 향이 타는 것으로 계산하였다.

7 전관찰 : 전기錢琦를 말한다. 자세한 내용은 이 책 p.72 역주 82) 참고.

4. 돼지의 위(오소리감투)를 요리하는 두 가지 방법

　돼지의 위를 깨끗이 씻고 가장 두꺼운 부분을 취하여 앞뒤의 얇은 막을 제거한다. 가운데 부분만 사용하여 주사위 모양으로 깍둑 썰어 기름을 두르고 볶다가 양념을 하고 삶으면 매우 꼬들꼬들하여 맛이 있다. 이것은 북쪽 사람들의 요리 방법이다.

　남쪽 사람들은 물에 술을 더하고 2개의 향이 탈 때(약 4시간)까지 뭉근한 불에 충분히 익을 때까지 삶아 알이 굵은 천일염을 곁들여 먹어도 맛이 괜찮다. 혹은 닭 육수와 양념을 넣고 진홍색이 될 정도로 푹 익혀 먹는 것도 맛이 있다.

猪肚二法

將肚洗淨, 取極厚處, 去上下皮, 單用中心, 切骰子塊, 滾油炮炒, 加作料起鍋, 以極脆爲佳. 此北人法也. 南人白水加酒, 煨兩枝香, 以極爛爲度, 贊淸鹽食之, 亦可; 或加雞湯作料, 煨爛熏切, 亦佳.

5. 돼지 폐를 요리하는 두 가지 방법

　돼지 폐를 씻는 것은 가장 어렵다. 폐 속 혈관의 핏물을 다 씻어내고 제일 먼저 포의包衣[8]를 벗긴다. 그것을 두드리고 거꾸로 매달아 혈관 속에 있는 피를 빼내고 막을 제거하는데 가장 세심한 작업이 필요하다. 술과 물을 부어 하루 밤낮을 삶는다. 폐가 마치 흰 목련 크기만큼 작아져서 탕 위에 떠오르면 다시 양념을 더한다. 충분히 익으면 폐의 위쪽 입구가 진흙처럼 연해진다. 소재少宰 탕서애湯西厓[9]가 손님을 초대하여 잔치를 베풀 때, 그릇마다 4조각을 담았는데 이미 4개의 폐를 사용한 것이었다.

요즘 사람들은 이러한 기술은 없고 다만 폐를 잘게 썰어 닭 육수에 넣고 끓이니 이 역시 맛이 좋다. 꿩 육수에 끓이면 더욱 맛이 오묘한데 담백한 맛이 담백한 것과 배합되기 때문이다. 좋은 화퇴火腿를 사용하여 끓이는 것도 좋다.

猪肺二法

洗肺最難, 以洌盡肺管血水, 剔去包衣爲第一着. 敲之仆之, 挂之倒之, 抽管割膜, 工夫最細. 用酒水滾一日一夜. 肺縮小如一片白芙蓉, 浮于湯面, 再加作料. 上口如泥. 湯西厓少宰宴客, 每碗四片, 已用四肺矣. 近人無此工夫, 只得將肺折碎, 入雞湯煨爛亦佳. 得野雞湯更(如)[妙][10], 以淸配淸故也. 用好火腿煨亦可.

---

8 포의 : 폐의 표면에 붙어 있는 황색의 막을 말한다.

9 탕서애 : '서애西厓'는 탕우증湯右曾(1656~1721)의 자이다. 절강성浙江省 사람으로 시와 그림에 뛰어났다. 저서로 《회청당집懷淸堂集》이 있다.

10 (如)[妙] : 저본에는 '如'로 되어 있으나, 중화서국·강소봉황문예출판사 정리본에 의거하여 '妙'로 바로잡았다.

6. 돼지 콩팥을 요리하는 방법

돼지 콩팥을 얇게 썰어서 바짝 볶으면 나무처럼 딱딱해지고, 살짝 볶으면 사람들이 덜 익었나 의심을 하니, 뭉근한 불로 충분히 익혀서 산초·소금을 찍어 맛있게 먹는 것만 못하다. 양념을 더하는 것도 좋다. 다만 손으로 찢는 것이 적합하지 칼로 써는 것은 적합하지 않다. 하루 정도 삶아야 비로소 진흙처럼 연해진다. 이 식재료는 이것으로만 요리를 해야지 단연코 다른 요리 속에 섞어서는 안 된다. 이는 혹시라도 맛을 빼앗고 비린내를 야기할 수 있기 때문이다. 3각(45분)을 삶으면 질기고 하루 정도 삶으면 부드러워진다.

猪腰

腰片炒枯則木, 炒嫩則令人生疑; 不如煨爛, 醬·椒·鹽食之爲佳. 或加作料亦可. 只宜手摘, 不宜刀切. 但須一日工夫, 才得如泥耳. 此物只宜獨用, 斷不可攪入別菜用, 敢能奪味而惹腥. 煨三刻則老, 煨一日則嫩.

7. 돼지안심살

돼지안심살은 살코기인데다가 부드럽지만, 사람들은 대부분 먹지 않았다. 일찍이 양주揚州 태수 사온산謝蘊山[11]의 석상에서 먹어본 적이 있는데 맛이 있었다. 그가 "안심살을 얇게 썰어서 전분으로 작게 완자를

만들어서 새우탕에 넣고 표고버섯과 김을 더하여 맑게 끓여 익으면 건
져낸다."고 하였다.

猪裏肉

猪裏肉, 精而且(故)[嫩]^{12}. 人多不食. 嘗在揚州謝蘊山太守席上, 食而甘
之. 云: "以裏肉切片, 用綠粉團成小把, 入蝦湯中, 加香蕈·紫菜淸煨, 一
熟便起."

8. 돼지고기 수육

반드시 직접 기른 돼지를 잡아서 솥에 넣어 80%를 익힌 다음 탕 속에
담가 두고 1시진(2시간) 후에 건져낸다. 돼지에서 움직임이 많은 부위^{13}를
얇게 썰어 식탁에 올린다. 차지도 뜨겁지도 않게 따뜻한 정도로 한다.
이것은 북쪽 사람들이 잘하는 요리인데 남쪽 사람들이 이를 흉내 내고
는 있지만 끝내 맛은 있지 않다. 게다가 시장에서 소량으로 썰어서 파는
고기로는 사용하기 어렵다. 가난한 선비가 손님을 초청해서 차라리 제
비집 요리로 대접하지 돼지고기 수육으로 대접하지 않는 것은 돼지고기

---

11 사온산 : '온산蘊山'은 사계곤謝啓昆(1737~1802)의 자이다. 호는 소담蘇潭이다. 광동
   순무廣西巡撫를 지냈고, 저서로 《수경당집樹經堂集》 등이 있다.

12 (故)[嫩] : 저본에는 '故'로 되어 있으나, 청淸 건륭임자乾隆壬子 소창산방장판본小倉
   山房藏版本과 수원장판본隨園藏版本에 의거하여 '嫩'로 바로잡았다.

13 움직임이……부위 : 주로 앞다리와 뒷다리를 말한다.

가 많지 않으면 수육의 참맛을 낼 수 없기 때문이다.

　수육을 써는 방법은 반드시 작고 날카로운 칼로 얇게 썰되 살코기와 비계를 골고루 섞어 비스듬히 썰어야 맛이 좋다. '성인(공자孔子)께서는 고기를 반듯하게 썰지 않은 것은 드시지 않으셨다.'[14]라는 한 마디 말과는 완전히 상반된다. 돼지는 부위마다 불리는 이름이 매우 많은데 만주 사람들이 '도신육跳神肉'[15]이라고 하는 것이 가장 묘하다.

白片肉[16]

須自養之猪, 宰後入鍋, 煮到八分熟, 泡在湯中, 一個時辰取起. 將猪身上行動之處, 薄片上桌. 不冷不熱, 以溫爲度. 此是北人擅長之菜. 南人效之, 終不能佳. 且零星市脯, 亦難用也. 寒士請客, 寧用燕窩, 不用白片肉, 以非多不可故也. 割法須用小快刀片之, 以肥瘦相參, 橫斜碎雜爲佳, 與聖人割不正不食一語, 截然相反. 其猪身, 肉之名目甚多. 滿洲跳神肉最妙.

---

14 고기를……않으셨다 : 《논어論語》〈향당鄕黨〉에 "고기를 반듯하세 썰지 않은 것은 드시지 않으셨다.[割不正不食]"라는 구절이 있다.

15 도신跳神 : '도신跳神'은 만주 사람들이 지내는 큰 제사로, 이때 돼지를 제물로 쓴다. 제사를 끝마치고 나서 사람들과 썰어서 나누어 먹는 고기를 말한다.

16 白片肉 : 물에 삶은 고기를 이르는 말로, '백자육白煮肉'이라고도 한다.

9. 홍외육¹⁷을 만드는 세 가지 방법

홍외육을 만들 때 단된장[甜醬]¹⁸을 쓰기도 하고, 추유秋油를 쓰기도 하고, 끝내 추유나 단된장을 쓰지 않기도 한다. 돼지고기 1근(600g)마다 소금 3전(11.25g)과 순주純酒를 넣고 졸인다. 또 물을 쓰는 경우도 있는데 이때는 물기가 사라질 때까지 끓여야 한다.

세 가지 요리법 모두 고기가 호박처럼 붉은빛이 나도록 해야 하지 설탕을 넣어서 색깔이 나도록 해서는 안 된다. 너무 일찍 솥에서 꺼내면 누른색이 나고 적당할 때 꺼내면 붉은색이 나며, 너무 늦게 꺼내면 붉은색이 자색으로 변하고 살코기가 딱딱해진다. 뚜껑을 열어 둔 채로 요리하면 기름기가 달아나 맛이 없게 되니, 맛이 모두 기름 속에 있기 때문이다.

대체로 고기를 모나게 썰지만 무르면 모난 것이 드러나지 않고 입에 넣으면 살코기는 모두 맛있게 융화된다. 이 요리는 불 조절이 가장 중요하다. 속담에 "센 불에는 죽을 끓이고 약한 불에는 고기를 삶아라!"라고 하였으니, 지극히 마땅한 말이다.

紅煨肉三法

或用甜醬, 或用秋油, 或竟不用秋油·甜醬. 每肉一斤, 用鹽三錢, 純酒煨之; 亦有用水者, 但須熬乾水氣. 三種治法, 皆紅如琥珀, 不可加糖炒色.

---

17 홍외육 : 뭉근한 불에 고기를 넣고 붉은색이 나도록 요리하는 것을 말한다.

18 단된장 : 소금에 절인 콩에 전분을 넣고 발효한 장을 말한다. 흔히 '춘장'이라고 하는데 오늘날 사용하는 일반적인 춘장과는 다르다.

早起鍋則黃, 當可則紅, 過遲則紅色變紫, 而精肉轉硬. 常起鍋蓋, 則油走
而味都在油中矣. 大抵割肉雖方, 以爛到不見鋒稜, 上口而精肉俱化爲妙.
全以火候爲主. 諺云: "緊火粥, 慢火肉." 至哉言乎!

10. 백외육[19]

고기 1근(600g)마다 맑은 물을 사용하여 끓이다가 80% 정도 익으면
고기를 꺼내 물기를 제거한 뒤 술 반 근(0.25ℓ), 소금 2전반(9.375g)을 넣
고 1시진(2시간)을 삶는다. 고기를 삶은 원래의 국물 절반을 더 넣고 국
물이 졸아 고기에 기름기가 돌 정도가 되면 파와 산초·목이버섯·부추
등을 더 추가한다. 먼저 센 불로 끓인 후에 약한 불로 끓인다.

또 다른 방법은 고기 1근마다 설탕 1전(3.75g), 술 반근, 물 1근(0.5ℓ),
맑은 간장 반 찻잔을 넣는다. 먼저 술을 붓고 고기를 10~20 소금 삶다
가 회향茴香[20] 1전과 물을 더 넣고 푹 끓이면 맛이 좋다.

白煨肉

每肉一斤, 用白水煮八分好, 起出去湯; 用酒半斤, 鹽二錢半, 煨一個時辰.
用原湯一半加入, 滾乾湯膩爲度, 再加蔥·椒·木耳·韭菜之類. 火先武後
文. 又一法: 每肉一斤, 用糖一錢, 酒半斤, 水一斤, 淸醬半茶杯; 先放酒, 滾

---

19 백외육 : 고기를 붉은색을 띠도록 한 것이 '홍외육紅煨肉'이라면, '백외육'은 흰색을
띠도록 요리한 고기를 말한다.

20 회향 : 산형과의 여러해살이풀로, 열매로 기름을 짜거나 향신료나 약재로 쓴다.

肉一二十次, 加茴香一錢, 加水悶爛, 亦佳.

11. 기름에 튀긴 돼지고기

삼겹살을 깍둑 썰고 힘줄을 제거하고 나서 술과 장에 재웠다가 꺼내 기름에 튀기면 비계는 느끼하지 않고 살코기는 부드러워진다. 솥에서 꺼낼 때 파와 마늘을 넣고 약간의 식초를 뿌린다.

油灼肉

(去)[用]²¹硬短勒切方塊, 去筋襻, 酒醬鬱過, 入滾油中炮炙之, 使肥者不 膩, 精者肉鬆. 將起鍋時, 加蔥·蒜, 微加醋噴之.

12. 물 없는 돼지고기찜

자기로 만든 작은 사발에 깍둑 썬 돼지고기를 넣고 감주와 추유秋油 를 더한 다음 다른 사발 안쪽에 넣어 입구를 밀봉하고 솥 안에 넣어 약 한 불로 찐다. 2개의 향이 탈 때(약 4시간)까지 찌는데 물은 쓰지 않는다.

---

21 (去)[用] : 저본에는 '去'로 되어 있으나, 중화서국·강소봉황문예출판사 정리본에 의 거하여 '用'으로 바로잡았다.

추유와 술의 양은 고기의 양을 살펴서 정하는데, 대개 고기가 잠길 정
도를 기준으로 한다.

乾鍋蒸肉

用小磁鉢, 將肉切方塊, 加甜酒·秋油, 裝入鉢內封口, 放鍋內, 下用文火
乾蒸之. 以兩枝香爲度, 不用水. 秋油與酒之多寡, 相肉而行, 以蓋滿肉面
爲度.

13. 개완장육[22]

난로 위에서 요리를 한다. 방법은 앞과 같다.

蓋碗裝肉

放手爐上. 法與前同.

---

22 개완장육 : 뚜껑 있는 그릇에 요리하는 돼지고기찜을 말한다.

14. 자담장육[23]

왕겨 속에 넣고 뭉근한 불로 요리한다. 방법은 앞과 같다. 반드시 입구를 밀봉해야 한다.

磁罈裝肉

放礱糠中慢煨. 法與前同. 總須封口.

15. 탈사육[24]

껍질을 벗기고 잘게 다진 돼지고기 1근(600g)마다 계란 3개를 쓴다. 흰자와 노른자를 모두 잘 풀어 고기와 잘 무치고 나서 다시 잘게 다진다. 추유秋油 반 술잔과 다진 파를 넣고 잘 무쳐 망유網油[25] 1장으로 싸고 바깥에는 다시 채종유菜種油 4냥(0.15ℓ)으로 양쪽 면을 지지고 나서 꺼내 기름기를 제거한다. 질이 좋은 술 1찻잔과 맑은 간장 반 술잔을 넣고 익힌 다음 고기를 얇게 썰고 고기 위에 부추와 표고버섯·죽순을 올린다.

---

23 자담장육 : 자기로 만든 단지에 담아 왕겨에 넣어 돼지고기를 찌는 요리를 말한다.
24 탈사육 : 돼지고기 계란말이 요리를 말한다.
25 망유 : 돼지의 대장을 감싸고 있는 그물 모양의 기름막을 말한다.

脫沙肉

去皮切碎, 每一斤用雞子三個, 靑黃俱用, 調和拌肉; 再斬碎, 入秋油半酒
杯, 蔥末拌勻, 用網油一張裹之; 外再用菜油四兩, 煎兩面, 起出去油; 用
好酒一茶杯, 淸醬半酒杯, 悶透, 提起切片; 肉之面上, 加韭菜·香蕈·笋丁.

16. 돼지고기 육포

얇게 썬 살코기를 뜨거운 볕에 말린다. 마르면 묵은 순무를 말린 포
와 섞어 바짝 볶는다.

晒乾肉

切薄片精肉, 晒烈日中, 以乾爲度. 用陳大頭菜, 夾片乾炒.

17. 화퇴 조림

화퇴를 깍둑 썰어 차가운 물에 세 소끔 끓여 물기를 제거하고, 깍둑
썬 고기를 차가운 물에 두 소끔 끓여 물기를 제거한다. 맹물에 넣고 끓
이다가 술 4냥(0.15ℓ), 파·산초·죽순·표고버섯을 더한다.

火腿煨肉

火腿切方塊, 冷水滾三次, 去湯瀝乾; 將肉切方塊, 冷水滾二次, 去湯瀝
乾; 放淸水煨, 加酒四兩·蔥·椒·笋·香蕈.

18. 건어물 돼지고기 조림

요리를 만드는 방법은 화퇴 조림과 동일하다. 건어물은 쉽게 무르기 때
문에 반드시 우선 돼지고기를 80% 정도 조린 다음에 건어물을 넣고 완
전히 익혀야 한다. 이것을 차갑게 식힌 것을 '상동鯗凍'이라고 한다. 이것
은 소흥紹興 사람들의 요리이다. 좋지 않은 건어물은 쓰지 말아야 한다.

台鯗[26]煨肉

法與火腿煨肉同. 鯗易爛, 須先煨肉至八分, 再加鯗; 涼之則號鯗凍. 紹興
人菜也. 鯗不佳者, 不必用.

19. 쌀가루 묻힌 돼지고기찜

살코기와 비계가 반반인 고기에 쌀가루를 노랗게 볶고 단된장을 바

---

26 台鯗 : 절강성浙江省 태주台州에서 생산되는 건어물[鯗]을 말한다.

른 다음 찌는데 바닥에는 배춧잎을 깐다. 익으면 고기뿐 아니라 배추도 맛이 있다. 물을 더하지 않기 때문에 맛이 온전하다. 강서江西 사람들의 요리이다.

粉蒸肉

用精肥參半之肉, 炒米粉黃色, 拌麵醬蒸之, 下用白菜作墊. 熟時不但肉類, 菜亦美. 以不見水, 故味獨全. 江西人菜也.

20. 훈제 졸임 돼지고기

우선 추유秋油와 술로 돼지고기를 졸이다가 국물이 남아 있을 때 나무 부스러기에 불을 붙여 잠깐 훈제를 한다. 훈제를 너무 오래해서는 안 되고, 남은 국물이 반쯤 졸아들면 향이 부드럽고 대단히 맛이 있다. 광문廣文 오소곡吳小谷[27]의 집에서 만든 요리가 가장 좋다.

熏煨肉

先用秋油·酒, 將肉煨好, 帶汁上木屑, 略熏之, 不可太久, 使乾濕參半, 香嫩異常. 吳小谷廣文家, 制之精極.

---

27 광문 오소곡 : '광문廣文'은 청나라 때 교관敎官의 이름이고, '소곡小谷'은 오옥지吳玉墀(1737?~1817?)의 호이다. 자는 난릉蘭陵이다.

21. 부용육[28]

살코기 1근(600g)을 얇게 썰고 맑은 간장에 절여 바람에 1시진(2시간)을 말린다. 큰 새우살 40개와 돼지기름 2냥(0.075ℓ)을 사용하는데 새우살을 주사위 크기로 썰어서 돼지고기 위에 놓는다. 새우 1마리에 돼지고기 1조각을 납작하게 두드려 물에 넣고 끓인 다음 꺼낸다. 채종유菜種油 반 근(0.3ℓ)을 끓여 꺼낸 고기를 구멍 뚫린 구리국자에 놓고 끓인 기름을 부어 익힌다. 다시 추유秋油 술잔으로 반 잔, 술 1잔, 닭 육수 찻잔으로 1잔을 끓여서 얇게 썬 고기 위에 끼얹은 다음 증분蒸粉[29]을 넣고 파·산초가루를 뿌린 뒤 솥에서 건진다.

芙蓉肉

精肉一斤, 切片, 清醬拖過, 風乾一個時辰. 用大蝦肉四十個, 猪油二兩, 切骰子大, 將蝦肉放在猪肉上. 一隻蝦, 一塊肉, 敲扁, 將滾水煮熟撩起. 熬菜油半斤, 將肉片放在眼銅勺內, 將滾油灌熟. 再用秋油半酒杯, 酒一杯, 雞湯一茶杯, 熬滾, 澆肉片上, 加蒸粉·蔥·椒糝上起鍋.

---

28 부용육 : 돼지고기 등심과 새우를 주재료로 한 요리로, 요리가 연꽃의 색깔과 비슷하여 이르는 말이다.

29 증분 : 쌀가루를 물에 개어 납작한 그릇에 얇게 편 뒤 찜기에 넣고 쪄낸 얇은 피이다.

22. 여지육[30]

돼지고기를 큰 골패모양으로 편 썰어 물을 붓고 20~30번 끓어오르면 건져낸다. 채종유菜種油 반 근(0.3ℓ)을 끓여 고기를 넣고 튀긴 다음 건져내고 차가운 물로 깨끗이 씻어 고기가 쪼그라들면 건져낸다. 솥에 담고 술 반 근, 맑은 간장 1작은 잔, 물 반 근을 넣고 충분히 삶는다.

荔枝肉

用肉切大骨牌片, 放白水煮二三十滾, 撈起; 熬菜油半斤, 將肉放入炮透, 撈起, 用冷水一潔, 肉皺, 撈起; 放入鍋內, 用酒半斤, 清醬一小杯, 水半斤, 煮爛.

23. 팔보육[31]

살코기와 비계가 반반인 돼지고기 1근(600g)을 물에 넣고 삶되 10~20번 끓어오르면 버드나무 잎 모양으로 얇게 썬다. 작은 홍합 2냥(75g)·어린 찻잎 2냥·표고버섯 1냥(37.5g)·해파리 머리[32] 2냥·깐 호두 4개·죽순

---

30 여지육 : 돼지고기 순살을 십자 모양으로 칼집을 내어 튀긴 다음 양념을 입힌 요리로, 모습이 여지荔枝와 닮았다.

31 팔보육 : 중국 요리에 쓰이는 여덟 가지 재료 또는 그 밖의 많은 재료로 만든 것을 말한다. '팔보'는 원래 불교 용어로서 많은 수를 말한다.

32 해파리 머리 : 해파리는 반원형 머리와 8개의 다리로 이루어져 있는데, 다리를 뺀 나

편 4냥(150g)·질 좋은 화퇴火腿 2냥·참기름 1냥(0.0375ℓ)을 준비한다. 고기를 솥에 넣고 추유秋油와 술로 뭉근한 불에 50% 정도 익혔다가 다시 남은 재료를 넣는다. 해파리 머리는 제일 나중에 넣는다.

八寶肉

用肉一斤, 精·肥各半, 白煮一二十滾, 切柳葉片. 小淡菜二兩, 鷹爪[33]二兩, 香蕈一兩, 花海蜇二兩, 胡桃肉四個去皮, 笋片四兩, 好火腿二兩, 麻油一兩. 將肉入鍋, 秋油·酒煨至五分熟, 再加餘物, 海蜇下在最後.

24. 유채줄기 돼지고기조림

유채심의 연한 줄기를 소금에 살짝 절였다가 말려서 사용한다.

菜花頭煨肉

用臺心菜嫩蕊, 微醃, 晒乾用之.

머지 부분을 말한다.

33 鷹爪 : 찻잎의 어린싹이 마치 매의 발톱처럼 생긴 데서 이른 말이다.

25. 채 썬 돼지고기볶음

　돼지고기를 가늘게 채 썰어 힘줄과 껍데기, 뼈를 제거한 다음 맑은 간장과 술에 잠시 재워둔다. 솥에 채종유菜種油를 두르고 달구다가 흰 연기가 푸른 연기로 바뀐 뒤에 고기를 넣고 쉬지 않고 볶는다. 증분蒸粉을 넣고 식초 1방울과 설탕 1움큼과 파의 흰 부분과 부추와 마늘 같은 향신료를 넣는다. 돼지고기 반 근을 센 불에 볶는데 물은 사용하지 않는다.

　또 다른 방법은 기름을 뜨겁게 달인 뒤에 고기를 넣고 볶다가 맛간장과 술을 더해 살짝 졸인다. 졸이다가 고기가 붉은색을 띠면 솥에서 꺼내는데 부추를 곁들이면 더욱 향이 좋다.

炒肉絲

切細絲, 去筋襻·皮·骨, 用淸醬·酒鬱片時, 用菜油熬起, 白煙變靑煙後, 下肉炒勻, 不停手, 加蒸粉, 醋一滴, 糖一撮, 蔥白·韭·蒜之類; 只炒半斤, 大火, 不用水. 又一法: 用油泡後, 用醬水加酒略煨, 起鍋紅色, 加韭菜尤香.

26. 얇게 편 썬 돼지고기볶음

　살코기와 비계가 반반인 돼지고기를 얇게 편 썰어서 맑은 간장에 버무린다. 솥에 넣고 기름으로 볶다가 지글지글 소리가 나면 간장·파·오이·겨울 죽순·어린 부추를 넣고 볶다가 솥에서 꺼낼 때쯤 화력을 세게 한다.

炒肉片

將肉精·肥各半, 切成薄片, 淸醬拌之. 入鍋油炒, 聞響卽加醬水·蔥·瓜·冬
笋·韭芽, 起鍋火要猛烈.

27. 팔보육완자

살코기와 비계가 반반인 돼지고기를 잘게 다져 잘 섞어놓고, 잣·표고
버섯·죽순 끝·올방개 뿌리·과강瓜薑 등을 잘게 다져 잘 섞어놓는다. 여
기에 전분을 넣고 반죽하여 완자를 빚어 큰 접시에 두고 감주와 추유秋
油를 넣고 찐다. 먹을 때 부드럽다. 우리 집 치화致華[34]가 "완자는 고기
를 잘라야지 다져서는 안 된다."라고 하였는데, 이는 반드시 따로 소견
이 있어서 한 말일 것이다.

八寶肉圓

猪肉精·肥各半, 斬成細醬, 用松仁·香蕈·笋尖·荸薺[35]·瓜薑之類, 斬成細
醬, 加縴粉和捏成團, 放入盤中, 加甜酒·秋油蒸之. 入口鬆脆. 家致華云:
"肉圓宜切, 不宜斬." 必別有所見.

---

34 치화 : 원매의 조카 원치화袁致華(?~?)를 말한다.

35 荸薺 : 식욕을 돋우고 갈증을 그치게 한다. '오우烏芋'라고도 한다.

28. 속 빈 돼지고기완자

돼지고기를 다져서 양념한 다음 굳은 돼지기름으로 작은 소를 만들어 완자에 넣고 찌면 기름은 흘러나오고 완자는 속이 비게 된다. 이러한 방법은 진강鎭江[36] 사람들이 제일 잘 만든다.

空心肉圓

將肉捶碎鬱過, 用凍猪油一小團作餡子, 放在團內蒸之, 則油流去, 而團子空心矣. 此法鎭江人最善.

29. 돼지고기튀김

삶아서 익은 돼지고기에 껍질을 벗기지 말고 참기름에 넣고 튀긴 다음 고깃덩이를 썰어서 소금을 치거나 맑은 간장을 찍어 먹어도 좋다.

鍋燒肉

煮熟不去皮, 放麻油灼過, 切塊加鹽, 或蘸清醬, 亦可.

---

36 진강 : 강소성江蘇省 진강부鎭江府를 말한다.

30. 돼지고기 장조림

먼저 잠깐 돼지고기를 절이고 나서 면장麵醬을 바르거나, 혹은 추유秋油만 사용하여 돼지고기를 버무려 두었다가 바람에 말린다.

醬肉

先微醃, 用麵醬醬之, 或單用秋油拌鬱, 風乾.

31. 술지게미에 절인 돼지고기

먼저 잠깐 돼지고기를 절이고 나서 다시 술지게미를 더한다.

糟肉

先微醃, 再加米糟.

32. 속성으로 절인 돼지고기

적은 양의 소금을 돼지고기에 발라 절이면 3일 안으로 먹을 수 있다.

【이상 돼지고기 장조림·술지게미에 절인 돼지고기·속성으로 절인 돼지고기 세 요리
는 모두 겨울철에 먹는 요리로, 봄·여름에는 적당하지 않다.】

暴醃肉

微鹽擦揉, 三日內卽用.【以上三味, 皆冬月菜也. 春夏不宜.】

33. 윤문단尹文端[37]공 집안의 풍육[38]

돼지 1마리를 잡아서 여덟 토막을 내고, 토막마다 볶은 소금 4전(15g)
을 넣고 꼼꼼히 주물러 고루고루 소금이 묻도록 한다. 그런 다음 그늘지
고 바람이 통하는 높은 곳에 걸어둔다. 뜻하지 않게 벌레가 먹은 곳이
있으면 참기름을 바른다. 여름에 취해 쓸 때는 먼저 물에 하룻밤을 담
가 두었다가 다시 삶는데, 물의 양이 너무 많거나 적어서는 안 되며 고
기의 표면이 덮일 정도로 한다. 얇게 썰 때는 날카로운 칼로 가로로 잘
라야지 고기의 결대로 잘라서는 안 된다. 이 요리는 오직 윤부尹府에서
만든 것이 매우 정미하여 진상품으로 항상 쓰였다. 오늘날 서주徐州에
서 생산되는 풍육은 그만 못하니 무슨 까닭인지 모르겠다.

---

37 윤문단 : 윤계선尹繼善을 말한다. 자세한 내용은 p.81 역주 102) 참고.

38 풍육 : 소금에 절여 그늘에 말린 돼지고기를 말한다.

尹文端公家風肉

殺猪一口, 斬成八塊, 每塊炒鹽四錢, 細細揉擦, 使之無微不到. 然後高掛
有風無日處. 偶有虫蝕, 以香油³⁹塗之. 夏日取用, 先放水中泡一宵, 再煮,
水亦不可太多太少, 以蓋肉面爲度. 削片時, 用快刀橫切, 不可順肉絲而斬
也. 此物惟尹府至精, 常以進貢. 今徐州風肉不及, 亦不知何故.

34. 고향의 돼지고기

　고향인 절강성浙江省 항주杭州의 돼지고기 요리는 맛이 서로 달라 상·
중·하 세 등급으로 나뉜다. 대체로 담백하면서도 신선하다. 살코기를
가로로도 씹어 먹을 수 있는 것이 상등품이다. 오래 놓아두면 이것이
바로 질 좋은 화퇴火腿가 된다.

家鄕肉

杭州家鄕肉, 好醜不同. 有上·中·下三等. 大槪淡而能鮮, 精肉可橫咬者爲
上品. 放久卽是好火腿.

---

39 香油 : 참기름을 이른다. '마유麻油'의 다른 이름이다.

35. 죽순화퇴[40]

겨울 죽순과 화퇴를 깍둑 썰어 함께 삶는다. 화퇴는 소금기가 제거될 때까지 2번 씻어낸 뒤 다시 얼음 설탕을 넣고 뭉근한 불로 충분히 익힌다.

별가別駕 석무산席武山[41]이 말하였다. "화퇴를 삶아놓은 뒤에 다음날 먹기 위해 남겨둔다면 반드시 원래의 국물도 남겨두었다가 다음날 화퇴를 원래의 국물에 넣어서 끓여야 맛이 있다. 만약 화퇴를 탕 밖으로 꺼내 놓으면 바람에 말라서 고기가 딱딱해지고 물로 끓이면 맛이 싱거워진다."

笋煨火肉

冬笋切方塊, 火肉切方塊, 同煨. 火腿撒去鹽水兩遍, 再入氷糖煨爛. 席武山別駕云: 凡火肉煮好後, 若留作次日喫者, 須留原湯, 待次日將火肉投入湯中滾熱才好. 若乾放離湯, 則風燥而肉枯; 用白水, 則又味淡.

36. 애저구이

6~7근(3.6~4.2kg) 정도의 새끼 돼지 1마리를 집게로 털을 뽑고 더러

---

40 죽순화퇴 : 죽순과 화퇴를 솥에 넣고 뭉근한 물에 졸이는 요리이다.

41 별가 석무산(?~?) : '별가別駕'는 벼슬 이름으로 자사刺史를 수행하여 순수할 때 따로 수레를 타기 때문에 붙여진 이름이고, '석무산席武山'은 어떤 사람인지 자세하지 않다.

운 것을 제거하고 나서 꼬챙이로 꿰어 숯불 위에 굽는다. 짙은 황색이
날 정도까지 네 면을 골고루 굽는다. 껍질 위에 천천히 버터를 바른다.
여러 차례 바르고 굽기를 반복한다. 먹을 때는 연한 것이 가장 으뜸이고
바삭바삭한 것이 그다음이며 딱딱한 것이 가장 못하다. 기인旗人[42]은 술
과 추유秋油만으로 요리를 하는데, 족제族弟인 원용문袁龍文[43]만이 그
요리법을 다 터득하였다.

燒小猪

小猪一個, 六七斤重者, 鉗毛去穢, 叉上炭火炙之. 要四面齊到, 以深黃色
爲度. 皮上慢慢以奶酥油塗之, 屢塗屢炙. 食時酥爲上, 脆次之, (咨)[硬][44]
斯下矣. 旗人有單用酒·秋油蒸者, 亦惟吾家龍文弟, 頗得其法.

37. 돼지고기구이

돼지고기구이는 요리하는 데에 인내심이 필요하다. 먼저 안쪽 살을 구
워야 기름이 껍질 속으로 스며든다. 그렇게 하면 고기가 부드럽고 맛이 빠
져나가지 않는다. 만약 껍질을 먼저 구우면 고기 표면의 기름이 불 위로

다 떨어져 껍질은 타서 딱딱해지고 맛도 좋지 않다. 애저구이도 그렇다.

燒猪肉

凡燒猪肉, 須耐性. 先炙裏面肉, 使油膏走入皮內, 則皮鬆脆而味不走. 若
先炙皮, 則肉上之油, 盡落火上, 皮旣焦硬, 味亦不佳. 燒小猪亦然.

38. 돼지갈비

살코기와 비계가 반반인 갈비를 취하여 가운데 곧은 뼈를 뽑고 뼈가
있던 자리에 파를 대신 넣는다. 식초와 장을 갈비에 자주 발라가며 굽
는데, 너무 마르게 구워서는 안 된다.

排骨

取勒條排骨精肥各半者, 抽去當中直骨, 以蔥代之, 炙用醋·醬, 頻頻刷上,
不可太枯.

39. 나사육[45]

계송鷄松[46]을 만드는 방법대로 나사육을 만든다. 돼지고기 겉껍질을
남겨두고 껍질 아래 살코기를 다져 완자를 만들고 양념을 하고 익힌다.
섭씨聶氏 요리사가 이 요리에 뛰어나다.

羅簑肉

以作鷄松法作之. 存蓋面之皮. 將皮下精肉斬成碎團, 加作料烹熟. 聶廚
能之.

40. 단주端州[47]의 세 가지 돼지고기 요리법

하나는 나사육羅簑肉이고, 또 다른 하나는 과소백육鍋燒白肉인데 어떠
한 양념도 하지 않고 깨와 소금으로만 버무린다. 또 다른 하나는 얇게
썰어 뭉근한 불로 졸이고 맑은 간장으로 버무린다. 세 종류의 요리는 모
두 일상적인 가정집 요리로 적합하다. 단주의 섭씨聶氏와 이씨李氏 요리

---

45 나사육 : 껍데기가 붙어 있는 고기를 깍둑 썰어서 익힌 돼지고기 요리이다.

46 계송 : 닭살에서 물기를 제거한 후 가루로 만든 식품으로 보존이나 휴대하기에 간편
   하다.

47 단주 : 지금의 광동성廣東省 조경肇慶 지역이다.

사가 만든 요리인데, 양이楊二⁴⁸를 보내 배우게 했다.

端州三種肉

一羅簑肉. 一(熿)[鍋]⁴⁹燒白肉, 不加作料, 以芝麻·鹽拌之; 切片煨好, 以
淸醬拌之. 三種俱宜于家常. 端州聶·李二廚所作. 特令楊二學之.

41. 양명부楊明府의 돼지고기 완자

양공원楊公圓⁵⁰의 명부明府에서 만드는 완자는 크기가 찻잔만하고 비
교할 수 없이 부드럽다. 탕은 더욱 깨끗하여 입에 넣으면 연유와 같다.
대개 힘줄과 관절을 제거하고 매우 곱게 다진 뒤, 살코기와 비계가 반반
이 되도록 섞은 다음 전분을 넣어 반죽한다.

楊公圓

楊明府作肉圓, 大如茶杯, 細膩絶倫. 湯尤鮮潔, 入口如酥. 大槪去筋去
節, 斬之極細, 肥瘦各半, 用綷合勻.

---

48 양이 : 원매의 집 요리사의 이름이다. 원매의 집 요리사로 왕소여王小餘·초지招姐·
양이楊二가 있었다.

49 (熿)[鍋] : 저본에는 '熿'로 되어 있으나, 중화서국과 강소봉황문예출판사 정리본에
의거하여 '鍋'로 바로잡았다.

50 양공원 : 양국림楊國霖(?~?)을 말한다.

42. 황아채를 넣은 화퇴 조림

질 좋은 화퇴를 사용하되 겉껍질을 벗겨내면서 기름은 제거하고 살은
남겨둔다. 먼저 닭 육수를 사용하여 껍질이 연해질 때까지 삶는다. 다시
고기가 연해질 때까지 삶고 황아채의 심지와 뿌리까지 대략 2촌(6.6cm)
쯤 되도록 잘라 넣는다. 거기에 꿀과 술과 물을 넣고 반나절 정도를 뭉
근한 불로 삶는다. 먹어보면 맛이 달고 산뜻하며 고기와 황아채가 모두
맛있게 변하면서도 황아채의 뿌리와 심지는 조금도 흩어지지 않는다.
탕도 매우 맛이 있다. 이것은 조천궁朝天宮[51] 도사의 요리법이다.

黃芽菜煨火腿

用好火腿, 削下外皮, 去油存肉. 先用雞湯, 將皮煨酥, 再將肉煨酥, 放黃
芽菜心, 連根切段, 約二寸許長; 加蜜·酒釀及水, 連煨半日. 上口甘鮮, 肉
菜俱化, 而菜根及菜心, 絲毫不散. 湯亦美極. 朝天宮道士法也.

43. 꿀화퇴

질 좋은 화퇴를 취하여 껍질까지 크게 깍둑 썰고 꿀과 술을 사용하여
충분히 삶는 것이 가장 맛이 있다. 다만 화퇴는 좋고 나쁜 질의 차이가

---

51 조천궁 : 지금의 강소성江蘇省 남경시南京市 수서문水西門 안에 있는 도교의 사원
  이다.

하늘과 땅처럼 차이가 난다. 그러니 비록 금화金華·난계蘭溪·의오義烏[52] 세 곳에서 생산되는 것도 명실이 상부하지 않는 것이 많다. 맛이 없는 것은 도리어 절인 고기만도 못하다. 항주杭州 충청리忠淸里[53] 왕삼방王三房[54] 집에서 4전을 주고 샀던 화퇴 1근(600g)이 매우 맛있었다.

　내가 윤문단尹文端[55] 공이 있는 소주蘇州의 공관公館에서 한 번 먹어보았는데 그 향이 문 너머까지 이를 정도였고, 달고 산뜻한 맛이 매우 뛰어났다. 이후로는 다시 이처럼 뛰어난 음식은 만날 수 없었다.

蜜火腿

取好火腿, 連皮切大方塊, 用蜜·酒釀極爛, 最佳. 但火腿好醜·高低, 判若天淵. 雖出金華·蘭溪·義烏三處, 而有名無實者多. 其不佳者, 反不如醃肉矣. 惟杭州忠淸里王三房家, 四錢一斤者佳. 余在尹文端公蘇州公館喫過一次, 其香隔戶便至, 甘鮮異常. 此後不能再遇此尤物矣.

---

52 금화……의오 : '금화'는 명나라 때 두었던 부府로, 지금의 절강성浙江省 금화시金華市에 있었다. '난계'는 절강성 금화시 서북쪽에 있었다. '의오'는 절강성 의오시를 말한다.

53 항주 충청리 : 원래 이름은 승평항升平巷이었다. 명나라 때 설상감찰어사浙江監察御使였던 당봉의唐鳳儀가 이곳에 충청리방忠淸里坊을 세우면서 이름이 바뀌었다. 지금의 절강성 하성구下城區 신화로新華路에 해당된다.

54 왕삼방(?~?) : 어떤 사람인지 자세하지 않다.

55 윤문단 : 윤계선尹繼善을 말한다. 자세한 내용은 p.81 역주 102) 참고.

Ⅱ.
여러 가지 짐승에 대한 항목

소·양·사슴과 같은 세 가지 짐승은 남쪽 사람들의 집에 언제나 있는 식재료가 아니다. 그렇지만 요리하는 방법을 몰라서는 안 되기 때문에 '여러 가지 짐승에 대한 항목'을 짓는다.

〈雜牲單〉

牛·羊·鹿三牲, 非南人家常時有之之物, 然製法不可不知, 作〈雜牲單〉.

1. 소고기

소고기를 사는 방법은 먼저 각 고기를 파는 가게에 미리 정해진 가격을 지불하고 다리와 근육 사이에 있는 순 살코기도 아니고 순 비계도 아닌 것을 고른다. 그리고 나서 집에 가지고 와서 껍질과 막을 제거하고 3푼(1.125g)의 술과 2푼(0.75ℓ)의 물을 넣고 충분히 삶는다. 거기에 추유秋油를 더하고 나서 국물을 졸인다. 이 태뢰太牢[56] 한 가지 맛만으로도 충분하니 다른 식재료를 배합하지 않아도 된다.

牛肉

買牛肉法, 先下各鋪定錢, 湊取腿筋夾肉處, 不精不肥. 然後帶回家中, 剔去皮膜, 用三分酒·二分水淸煨, 極爛; 再加秋油收湯. 此太牢獨味孤行者也, 不可加別物配搭.

2. 소혀

소의 혀는 매우 맛이 있다. 껍질을 벗겨내고 막을 제거한 후 얇게 썰어 소고기와 함께 넣고 삶는다. 또 겨울에 절였다가 바람에 말리면 다음해에도 먹을 수 있는데 맛이 질 좋은 화퇴火腿와 매우 비슷하다.

---

56 태뢰 : 나라의 제사에 소·양·돼지를 함께 바치는 것을 이르다가, 뒤에는 소만 바치게 되자 소를 이르는 말로 쓰였다.

牛舌

牛舌最佳. 去皮撕膜, 切片, 入肉中同煨. 亦有冬醃風乾者, 隔年食之, 極
似好火腿.

3. 양머리

양머리는 털을 깨끗하게 제거한다. 만약 털이 깨끗하게 제거되지 않았
다면 불을 이용하여 그을린다. 깨끗하게 씻고 머리를 가르고 삶아서 뼈
를 제거한다. 입 안쪽의 질긴 껍질을 모두 깨끗이 제거한다. 양쪽 눈동
자를 두 쪽으로 가르고 검은 껍질을 제거한다. 눈알은 사용하지 않고 잘
게 다진다. 살찐 암탉으로 탕을 끓여 표고버섯과 죽순, 감주 4냥(0.15ℓ),
추유秋油 1잔을 더한다. 만약 매콤하게 먹으려면 작은 산초 12알·잘게
썬 파 12단을 넣고, 새콤하게 먹으려면 질 좋은 쌀 식초 1잔을 넣는다.

羊頭

羊頭毛要去淨; 如去不淨, 用火燒之. 洗淨切開, 煮爛去骨. 其口內老皮,
俱要去淨. 將眼睛切成二塊, 去黑皮, 眼珠不用, 切成碎丁. 取老肥母雞湯
煮之, 加香蕈·笋丁, 甜酒四兩, 秋油一杯. 如喫辣, 用小胡椒十二顆·蔥花
十二段; 如喫酸, 用好米醋一杯.

4. 양족발

양의 족발을 끓이는 방법은 돼지 족발을 끓이는 방법[57]을 참고하면 된다. 붉은색이나 흰색이 나도록 하는 두 가지 방법이 있다. 대개 맑은 간장을 쓰면 붉어지고 소금을 쓰면 희게 된다. 마를 배합하여 삶아야 한다.

羊蹄

煨羊蹄, 照煨猪蹄法, 分紅·白二色. 大抵用淸醬者紅, 用鹽者白. 山藥[58]配之宜.

5. 양고기국

양고기를 익힌 다음 주사위 크기로 썬다. 닭 육수를 끓이고 깍둑 썬 죽순·깍둑 썬 표고버섯·깍둑 썬 마를 함께 넣고 끓인다.

羊羹

取熟羊肉斬小塊, 如骰子大. 雞湯煨, 加笋丁·香蕈丁·山藥丁同煨.

---

57 돼지……방법 : 권2 〈I. 돼지고기에 대한 항목 2. 돼지 족발을 요리하는 네 가지 방법〉 참고.

58 山藥 : 마[薯蕷]의 다른 이름으로, 당나라 대종代宗의 이름인 예預를 피휘하여 '서약薯藥'이라고 부르다가, 다시 송나라 영종英宗의 이름인 서署를 피휘하여 '산약'이라고 불렀다.

6. 양위장탕

 양의 위장을 깨끗이 씻어 충분히 삶아 가늘게 썰고, 다시 양의 위장
을 삶은 국물에 넣어 뭉근한 불로 삶는다. 후추와 식초를 더하는 것도
좋다. 북방 사람들이 요리하는 방법은 남방 사람들처럼 부드럽게 하지
못한다. 방백方伯 전여사錢璵沙[59]의 집에서 삶은 양고기 요리가 매우 맛
이 있었다. 그래서 그 요리법을 청하려고 한다.

羊肚羹

將羊肚洗淨, 煮爛切絲, 用本湯煨之. 加胡椒‧醋俱可. 北人炒法, 南人不
能如其脆. 錢璵沙方伯家, (煱)[鍋][60]燒羊肉極佳, 將求其法.

7. 붉게 졸인 양고기

 홍외육(붉게 졸인 돼지고기)을 만드는 요리법[61]과 같다. 위에 구멍을 뚫

---

59 전여사 : '여사璵沙'는 전기錢琦(1709~1790)의 호이다. 자는 상인相人‧상순湘純이고,
  또 다른 호는 경석노인耕石老人이다. 강소안찰사江蘇按察使 등을 지냈고 저서로《징
  벽재시초澄碧齋詩鈔》등이 있다.

60 (煱)[鍋] : 저본에는 '煱'로 되어 있으나, 중화서국과 강소봉황문예출판사 정리본에
  의거하여 '鍋'로 바로잡았다.

61 홍외육……요리법 : 권2〈I.돼지고기에 대한 항목 9.홍외육을 만드는 세 가지 방법〉
  을 말한다.

은 호두를 넣으면 누린내가 사라지는데 이는 옛날 방법이다.

紅煨羊肉

與紅煨猪肉同. 加刺眼核桃, 放入去羶. 亦古法也.

8. 채 썬 양고기볶음

채 썬 돼지고기볶음을 만드는 요리법[62]과 같다. 전분을 쓰고 고기는 가늘수록 맛이 있다. 채 썬 파와 함께 버무린다.

炒羊肉絲

與炒猪肉絲同. 可以用縡, 愈細愈佳. 蔥絲拌之.

9. 양고기구이

양고기를 5~7근(3kg~4.2kg)의 큰 덩이로 썰고, 쇠꼬챙이에 꿰어 불에 굽는다. 맛이 달고 바삭거리니, 송나라 인종仁宗이 한밤중에도 먹고

---

62 채 썬……요리법 : 권2 〈 I. 돼지고기에 대한 항목 25. 채 썬 돼지고기볶음〉을 말한다.

싶은 마음[63]을 불러일으킬 만하였다.

燒羊肉

羊肉切大塊, 重五七斤者, 鐵叉火上燒之. 味果甘脆, 宜惹宋仁宗夜半之
思也.

10. 통양요리

통째로 양을 요리하는 방법에는 72종류가 있지만 먹을 만한 것은
18~19종에 불과하다. 이는 용을 잡는 기술[64]이 있어야 하기 때문에 일
반 가정집 주방에서는 배우기 어렵다. 1접시와 1그릇에 담긴 요리가 비
록 모두 양고기이지만 맛이 제각기 달라야 비로소 좋다.

全羊

全羊法有七十二種, 可喫者不過十八九種而已. 此屠龍之技, 家廚難學. 一
盤一碗, 雖全是羊肉, 而味各不同才好.

---

63 송나라……마음 : 《송사宋史》〈인종본기仁宗本紀〉에 "궁중에서 밤중에 배가 고파 양
  고기구이를 먹고 싶어 했다.[宮中夜饑, 思膳燒羊.]"라는 구절이 있다.

64 용을……기술 : 원래는 기술만 높지 아무런 쓸모가 없는 것을 이르는 말이었으나, 여
  기서는 뛰어난 기술을 말한다. 《장자莊子》〈열어구列禦寇〉에, 주평만朱泙漫이 용 잡
  는 기술을 지리익支離益에게 배우는데, 천금의 재산을 다 없애고 3년 만에 기술을
  배웠지만 어디에도 써볼 곳이 없었다고 하였다.

11. 사슴고기

사슴고기는 구하기가 쉽지 않다. 구하여 요리를 만들면 부드럽고 신선하기가 노루고기보다 낫다. 구워 먹는 것도 맛이 좋고 삶아 먹어도 맛이 좋다.

鹿肉

鹿肉不可輕得. 得而制之, 其嫩鮮在獐肉之上. 燒食可, 煨食亦可.

12. 사슴 근육을 요리하는 두 가지 방법

사슴 근육은 충분히 삶기가 어렵다. 반드시 3일 전에 먼저 두드려 삶고 비린내가 나는 물을 여러 번 짜낸 뒤 육수를 넣고 뭉근한 불로 끓이고 나서, 다시 닭 육수를 넣고 뭉근한 불로 끓인다. 추유秋油와 술과 약간의 전분을 넣고 졸인다. 다른 식재료는 넣지 않고 흰색이 되면 접시에 담는다. 만약 화퇴火腿·겨울 죽순·표고버섯을 넣고 함께 뭉근한 불로 졸이다가 붉은색이 되면 더 이상 졸이지 않고 그릇에 담는다. 흰색 요리에는 곱게 간 산초가루를 더한다.

鹿筋二法

鹿筋難爛. 須三日前, 先捶煮之, 絞出臊水數遍, 加肉汁湯煨之, 再用雞汁

湯煨; 加秋油·酒, 微繰收湯; 不攪他物, 便成白色, 用盤盛之. 如兼用火
腿·冬笋·香蕈同煨, 便成紅色, 不收湯, 以碗盛之. 白色者, 加花椒細末.

13. 노루고기

노루고기로 만드는 요리는 소고기와 사슴고기 요리와 같다. 포를 만
들 수 있는데 사슴고기처럼 부드럽지 않지만 사슴고기보다 섬세한 맛은
뛰어나다.

獐肉

製獐肉, 與製牛·鹿同. 可以作脯, 不如鹿肉之活, 而細膩過之.

14. 흰코사향고양이

흰코사향고양이는 신선한 것을 얻기가 어렵다. 고기를 절여서 말린 것
에 밀주 지게미를 넣고 쪄내 칼로 얇게 썰어서 식탁에 올린다. 먼저 하
루 동안 쌀뜨물에 담가 소금기와 더러운 것을 제거한다. 화퇴火腿에 비
해 부드럽고 기름지다는 것을 느낄 수 있다.

果子狸

果子狸, 鮮者難得. 其腌乾者, 用蜜酒釀, 蒸熟, 快刀切片上桌. 先用米泔
水泡一日, 去盡鹽穢. 較火腿覺嫩而肥.

15. 우유 맛 계란 흰자찜

계란 흰자에 밀주 지게미를 섞어 잘 풀고 솥에 넣고 찐다. 이 요리는
부드러운 것이 중요하다. 오래 찌면 부드럽지 않고 계란 흰자가 많아도
부드럽지 않다.

假牛乳

用雞蛋淸拌蜜酒釀, 打掇入化, 上鍋蒸之. 以嫩膩爲主. 火候遲便老, 蛋淸
太多亦老.

16. 사슴 꼬리

윤문단尹文端[65] 공이 음식의 맛을 품평하면서 사슴 꼬리를 첫 번째로
손꼽았다. 그렇지만 남방 사람들은 사슴 꼬리를 항상 손에 넣을 수 없

---

65 윤문단 : 윤계선尹繼善을 말한다. 자세한 내용은 p.81 역주 102) 참고.

었다. 북경에서 가져온 것은 또 맛이 쓰고 신선하지 못하였다. 내가 상당히 큰 사슴 꼬리를 손에 넣어 채소로 싸서 찌니 맛이 과연 다른 사슴 꼬리와는 달랐다. 그중 가장 맛있는 데는 꼬리 윗부분 일도장—道漿[66]이었다.

鹿尾

尹文端公品味, 以鹿尾爲第一. 然南方人不能常得. 從北京來者, 又苦不鮮新. 余嘗得極大者, 用菜葉包而蒸之, 味果不同. 其最佳處, 在尾上一道漿耳.

---

66 일도장 : 사슴 꼬리의 윗부분 지방이 풍부한 곳을 말한다.

Ⅲ.
가금류에 대한 항목

닭의 공로가 가장 크니, 많은 요리들이 닭에 의지한다. 선한 사람이 남모르게 덕을 쌓아 남들이 이를 알아차리지 못하는 것이나 마찬가지이다. 그래서 가금류 중에서 으뜸으로 배열하고 다른 날짐승들은 뒤에 덧붙여 '가금류에 대한 항목'을 짓는다.

羽族單

雞功最巨, 諸菜賴之. 如善人積陰德而人不知. 故令領羽族之首, 而以他禽附之, 作〈羽族單〉.

1. 물에 삶아 얇게 썬 닭고기

살찐 닭고기를 물에 삶아 얇게 썬 것은 절로 대갱太羹과 현주玄酒[67]의 맛이다. 더욱이 농촌이나 여관에서 미처 요리할 시간이 없을 때 가장 간편하게 요리할 수 있다. 삶을 때는 물을 많이 넣어서는 안 된다.

白片雞

肥雞白片, 自是太羹·玄酒之味. 尤宜于下鄕村·入旅店, 烹飪不及之時, 最爲省便. 煮時水不可多.

2. 닭 다리 잣완자

살찐 닭 1마리에서 두 다리를 사용하는데 인대와 뼈를 제거하고 살을 다지면서 껍질은 손상시키지 않는다. 여기에 계란 흰자와 전분, 잣을 넣고 다져서 뭉친다. 닭 다리 살이 부족하면 포자육脯子肉[68]을 보태 모나게 썰고 참기름으로 노랗게 구운 다음 사발에 담고 백화주百花酒[69] 반 근(0.3ℓ)과 추유秋油 큰 잔으로 1잔, 닭기름 1국자, 겨울 죽순·표고버

---

67 태갱과 현주 : 다른 맛이 가미되지 않은 음식의 본래 맛이 나는 것을 말한다. '태갱'은 양념하지 않은 국이고, '현주'는 맑은 물[淸水]이다. 모두 옛날 제사 때 썼다.

68 포자육 : 닭가슴살[胸脯肉]을 말한다.

69 백화주 : 온갖 꽃을 넣어 만든 술을 말한다.

섯·생강·파 등을 넣는다. 남은 닭 뼈와 닭 껍질은 위에 덮어 두고, 물 1 큰
사발을 붓고 찜통에 넣어 찐 다음 먹을 때 걷어낸다.

雞松

肥雞一隻, 用兩腿, 去筋骨剁碎, 不可傷皮. 用雞蛋淸·粉絆·松子肉, 同剁
成塊. 如腿不敷用, 添脯子肉, 切成方塊, 用香油灼黃, 起放鉢頭內, 加百
花酒半斤·秋油一大杯·雞油一鐵勺, 加冬笋·香蕈·薑·蔥等. 將所餘雞骨
皮蓋面, 加水一大碗, 下蒸籠蒸透, 臨喫去之.

3. 닭튀김

영계를 모나게 잘게 썰고 추유秋油와 술을 넣고 버무려 두었다가 먹을
때 꺼내서 기름에 넣고 튀긴다. 솥에서 꺼낸 다음 또 튀기고 연속으로
세 번 튀기고 나서 그릇에 담고 식초·술·전분·잘게 썬 파를 뿌린다.

生炮雞

小雛雞斬小方塊, 秋油·酒拌, 臨喫時拿起, 放滾油內灼之, 起鍋又灼, 連
灼三回, 盛起, 用醋·酒·粉絆·蔥花噴之.

4. 닭죽

살찐 암탉 1마리를 칼로 양쪽 가슴살의 껍질을 벗기고 잘게 깎는다. 대패를 사용하는 것도 괜찮다. 다만 살을 깎아 내야지 베어내서는 안 된다. 베어내면 맛이 섬세하지 않다. 다시 남은 닭고기는 끓인 다음, 먹을 때 고운 쌀가루·화퇴火腿 가루·잣을 넣고 함께 빻아서 탕에 넣는다. 솥에서 꺼낼 때 파·생강·끓인 닭기름을 넣는다. 부스러기를 제거하거나 그냥 두어도 된다. 노인들이 먹기에 적당하다. 대개 고기를 썰어서 요리한 것은 부스러기를 제거하고 깎아서 요리한 것은 부스러기를 제거하지 않는다.

雞粥

肥鷄母一隻, 用刀將兩(補)[脯]⁷⁰肉去皮細刮, 或用刨刀亦可; 只可刮刨, 不可斬, 斬之便不膩矣. 再用餘雞熬湯下之. 喫時加細米粉·火腿屑·松子肉, 共敲碎放湯內. 起鍋時放蔥·薑, 澆雞油, 或去渣, 或存渣, 俱可. 宜于老人. 大槪斬碎者去渣, 刮刨者不去渣.

---

70 (補)[脯] : 저본에는 '補'로 되어 있으나, 중화서국과 강소봉황문예출판사 정리본에 의거하여 '脯'로 바로잡았다.

5. 초계

    살찐 암탉을 깨끗이 씻고 가지런히 솥에 담아 삶는다. 돼지기름 4냥 (0.15ℓ)과 회향茴香[71] 4개를 넣고 80%를 삶고 꺼내서 향유香油에 노릇하게 튀긴 다음 다시 원래의 국물에 넣고 진해질 때까지 자박하게 끓인 다음, 추유秋油·술·다듬은 파를 넣는다. 요리를 식탁에 올릴 때 얇게 썰고 아울러 원래의 국물을 붓거나 무치는 것도 괜찮다. 이 요리는 양중승楊中丞[72]의 집 요리법이다. 방보方輔[73] 형의 집 요리도 좋다.

    焦雞

肥母雞洗淨, 整下鍋煮. 用猪油四兩·茴香四個, 煮成八分熟, 再拿香油灼黃, 還下原湯熬濃, 用秋油·酒·整蔥收起. 臨片片碎, 竝將原鹵澆之, 或拌(贊)[蘸][74]亦可. 此楊中丞家法也. 方輔兄家亦好.

---

71 회향 : 산형과의 여러해살이풀로, 열매로 기름을 짜거나 향신료나 약재로 쓴다.

72 양중승 : 양석불楊錫紱이다. 자세한 내용은 p.74 역주 87) 참고.

73 방보(?~?) : 자는 밀암密庵이다. 안휘성安徽省 흡현歙縣 사람이다. 저서로《예팔분변隷八分辨》이 있다.

74 (贊)[蘸] : 저본에는 '贊'으로 되어 있으나, 중화서국과 강소봉황문예출판사 정리본에 의거하여 '蘸'으로 바로잡았다.

6. 추계[75]

손질한 닭을 두들기고 추유秋油·술을 넣고 삶는다. 남경의 태수 고남
창高南昌[76]의 집에서 만든 것이 가장 맛이 뛰어나다.

捶雞

將整雞捶碎, 秋油·酒煮之. 南京高南昌太守家, 製之最精.

7. 얇게 썬 닭고기볶음

껍질을 벗긴 닭가슴살을 얇게 썰고 콩가루·참기름·추유秋油를 넣고
버무린 다음, 전분을 넣고 잘 섞은 뒤 계란 흰자를 넣고 반죽을 한다. 솥
에 넣을 때 간장·과강瓜薑·잘게 썬 파를 넣는다. 반드시 아주 센 불로
볶아야 한다. 1접시에 4냥(150g)을 넘지 않아야 불기운이 고루 미친다.

炒雞片

用雞脯肉去皮, 斬成薄片. 用豆粉·麻油·秋油拌之, 縴粉調之, 雞蛋清拌.
臨下鍋加醬·瓜薑·蔥花末. 須用極旺之火炒. 一盤不過四兩, 火氣才透.

---

75 추계 : 무거운 것으로 닭을 두들겨 만든 요리를 말한다.

76 고남창(?~?) : 어떤 사람인지 자세하지 않다.

8. 어린 닭찜

작고 부드러운 어린 닭을 가지런히 그릇에 담고 추유秋油·감주·표고 버섯·죽순 끝을 넣어 밥솥에 넣고 찐다.

蒸小雞

用小嫩雞雛, 整放盤中, 上加秋油·甜酒·香蕈·笋尖, 飯鍋上蒸之.

9. 간장 발라 말린 닭

생닭 1마리를 하루 밤낮 동안 간장에 담갔다가 바람에 말린다.[77] 이것 은 겨울철 요리이다.

醬雞

生雞一隻, 用淸醬浸一晝夜, 而風乾之. 此三冬菜也.

---

77 생닭……말린다:《정패유초精稗類鈔》〈음식류飮食類 3〉에 "하루 밤낮 동안 간장에 담갔다가 바람에 말린 뒤 쪄서 먹는다.[以淸醬浸一晝夜, 而風乾之, 蒸之可食.]"라는 구절이 있다.

10. 깍둑 썬 닭고기

닭가슴살을 작게 깍둑 썰어 기름에 넣고 튀기고 나서 추유秋油·술을 넣고 끓인다. 깍둑 썬 올방개 뿌리·깍둑 썬 죽순·깍둑 썬 표고버섯을 넣고 버무린다. 탕이 검은색을 띨 때 가장 맛이 있다.

雞丁

取雞脯子, 切骰子小塊, 入滾油炮炒之, 用秋油·酒收起; 加荸薺丁·笋丁· 香蕈丁拌之, 湯以黑色爲佳.

11. 닭고기완자

닭가슴살을 다져 술잔 크기로 둥글게 만들면 새우완자만큼 신선하고 연하다. 양주揚州 장팔태야臧八太爺[78] 집에서 만든 것이 가장 맛이 있다. 만드는 방법은 돼지기름·무·전분을 잘 섞어 만드는데 소를 넣어서는 안 된다.

雞圓

斬雞脯子肉爲圓, 如酒杯大, 鮮嫩如蝦團. 揚州臧八太爺家, 製之最精. 法 用猪油·蘿卜·縴粉揉成, 不可放餡.

---

78 장팔태야(?~?) : 장씨 성을 가진 '팔태야'를 이르지만, 어떤 사람인지 자세하지 않다.

12. 표고버섯 닭볶음

구마고口蘑菇[79] 4냥(150g)을 끓는 물에 담가 모래를 제거하고 나서 찬물에 씻고 칫솔로 닦고 다시 맑은 물에 4차례 씻는다. 채종유菜種油 2냥(0.075ℓ)으로 볶고 익힌 다음 술을 붓는다. 닭고기를 썰어 솥에 넣고 끓이고 나서 거품을 제거하고, 감주·간장을 넣고 80% 정도 뭉근한 불에 익히고 나서 표고버섯을 넣고 다시 나머지 20% 정도를 익힌다. 죽순·파·산초를 넣고 끓인다. 물을 쓰지 않고 얼음설탕 3전(11.25g)을 더한다.

蘑菇煨雞

口蘑菇四兩, 開水泡去砂, 用冷水漂, 牙刷擦, 再用淸水漂四次, 用菜油二兩炮透, 加酒噴. 將雞斬塊放鍋內, 滾去沫, 下甜酒·淸醬, 煨八分功程, 下蘑菇, 再煨二分功程, 加笋·蔥·椒起鍋, 不用水, 加氷糖三錢.

13. 배닭볶음

어린 닭의 가슴살을 얇게 썰어서 먼저 돼지기름 3냥(0.1125ℓ)에 넣고 익힌 다음 3~4차례 볶고 참기름 1국자와 전분·소금·생강즙·산초가루를 각 1찻숟가락을 넣고, 다시 얇게 썬 설리雪梨[80]·작게 조각낸 표고버

---

79 구마고 : 표고버섯의 일종이다.

80 설리 : 배의 한 종류로, 속이 눈처럼 희고 부드럽다.

섯을 넣고 3~4차례 볶은 다음 솥을 화구에서 내린 뒤 5촌(16.5cm) 크기
의 접시에 담는다.

梨炒雞

取雛雞胸肉切片, 先用猪油三兩熬熟, 炒三四次, 加麻油一瓢, 縛粉·鹽
花·薑汁·花椒末各一茶匙, 再加雪梨薄片·香蕈小塊, 炒三四次起鍋, 盛
五寸盤.

14. 꿩고기 맛 닭

닭가슴살을 잘게 썰어 계란 1개를 넣고 간장으로 재우고 망유網油[81]
를 잘라 고기를 조금씩 싸서 기름에 넣고 튀긴다. 다시 간장과 술과 양
념, 표고버섯과 목이버섯을 넣고 끓인 다음 화구에서 내려 설탕 1줌을
더한다.

假野雞卷

將(補)[脯][82]子斬碎, 用雞子一個, 調淸醬鬱之, 將網油畫碎, 分包小包, 油
裏炮透, 再加淸醬·酒·作料·香蕈·木耳, 起鍋加糖一撮.

---

81 망유 : 돼지의 대장을 감싸고 있는 그물 모양의 기름막을 말한다.

82 (補)[脯] : 저본에는 '補'로 되어 있으나, 중화서국과 강소봉황문예출판사 정리본에
의거하여 '脯'로 바로잡았다.

15. 황아채[83] 닭볶음

닭을 토막 쳐서 기름 솥에 넣고 튀긴 다음 술을 넣고 20~30차례 볶는다. 추유秋油를 더한 다음 20~30차례 볶고서 물을 붓고 끓인다. 황아채를 토막 내고 닭을 볶아 70%를 익히고 나서 황아채를 넣고 끓인다. 다시 나머지 30%를 익히고 나서 설탕·파·대료大料[84]를 넣는다. 황아채는 따로 끓여서 쓰기도 한다. 1마리당 기름은 4냥(0.15ℓ)을 쓴다.

黃芽菜炒雞

將雞切塊, 起油鍋生炒透, 酒滾二三十次, 加秋油後滾二三十次, 下水滾, 將菜切塊, 炒雞有七分熟, 將菜下鍋; 再滾三分, 加糖·蔥·大料. 其菜要另滾熟攪用. 每一隻用油四兩.

16. 밤닭볶음

닭을 토막 쳐서 채종유菜種油 2냥(0.075ℓ)에 튀긴 다음 술 1사발과 추유秋油 1작은 그릇과 물 1사발을 넣고 70%를 익힌다. 먼저 밤을 삶아서 익힌 다음 죽순을 함께 넣고 다시 나머지 30%를 뭉근한 불로 졸인 다음 화구에서 내려 설탕 1줌을 넣는다.

---

83 황아채 : 배추의 한 품종이다.

84 대료 : 팔각회향八角茴香을 말한다. 자세한 내용은 p.89 역주 5) 참고.

栗子炒雞

雞斬塊, 用菜油二兩炮, 加酒一飯碗, 秋油一小杯, 水一飯碗, 煨七分熟;
先將栗子煮熟, 同笋下之, 再煨三分起鍋, 下糖一撮.

17. 여덟 조각 닭고기구이

어린 닭 1마리를 여덟 토막 내어 기름에 넣고 튀긴 다음 기름을 제거
하고 간장 1잔·술 반 근(0.3ℓ)을 넣고 뭉근한 불로 졸인 다음 꺼낸다. 물
은 사용하지 않고 센 불을 사용한다.

灼八塊

嫩雞一隻, 斬八塊, 滾油炮透, 去油, 加淸醬一杯·酒半斤, 煨熟便起, 不用
水, 用武火.

18. 진주완자

익힌 닭가슴살을 노란콩 크기로 자르고 간장과 술을 넣고 버무린 다
음 마른 밀가루를 듬뿍 입혀 솥에 넣고 볶는다. 식물성 기름으로 볶아
야 한다.

珍珠團

熟雞脯子, 切黃豆大塊, 淸醬·酒拌勻, 用乾麵滾滿, 入鍋炒. 炒用素油.

19. 폐결핵을 치료하는 황기찜닭

알을 낳은 적이 없는 어린 닭을 잡아 물을 묻히지 말고 내장을 꺼낸 뒤 배 속에 황기黃芪[85] 1냥(37.5g)을 채우고 젓가락을 걸친 다음 솥에 넣고 찐다. 솥뚜껑의 사면 틈새를 막고 익으면 꺼낸다. 국물이 진하고 깨끗하다. 기운이 없고 약한 증세를 치료할 수 있다.

黃芪蒸雞治療

取童雞未曾生蛋者殺之, 不見水, 取出肚臟, 塞黃芪一兩, 架箸放鍋內蒸 之, 四面封口, 熟時取出. 鹵濃而鮮, 可療弱症.

20. 진하게 졸인 닭고기

온전한 닭 1마리의 배 속에 파 30뿌리와 회향茴香 2전(7.5g)을 채우고

---

85 황기 : 콩과에 속하는 식물이다. 주로 약용으로 사용되며 만성피로, 식욕상실, 빈혈, 상처회복, 발열, 알레르기, 자궁출혈, 자궁탈 등에 효과가 있다.

술 1근(0.5ℓ)과 추유秋油 작은 잔으로 1잔 반을 넣고, 우선 1개의 향이 탈 때(약 2시간)까지 끓인 다음 물 1근(0.5ℓ)을 더하고 동물성 기름 2냥 (0.075ℓ)을 넣고 끓인다. 닭고기가 익으면 기름을 걷어낸다. 끓는 물을 넣어야 하고 진한 국물이 한 그릇 정도로 줄어들었을 때 건진다. 잘게 썰거나 칼로 얇게 썰어 원래의 국물을 버무려 먹는다.

鹵雞

囫圇雞一隻, 肚內塞蔥三十條·茴香二錢, 用酒一斤·秋油一小杯半, 先滾 一枝香, 加水一斤·脂油二兩, 一齊同煨; 待雞熟, 取出脂油. 水要用熟水, 收濃鹵一飯碗, 才取起; 或拆碎, 或薄刀片之, 仍以原鹵拌食.

21. 장어사蔣御史[86]의 닭요리

어린 닭 1마리에 소금 4전(15g)과 간장 1숟가락, 묵은 술[老酒][87] 반 찻 잔, 생강 큰 것 3조각을 질냄비에 넣고 물에 닿지 않게 찐 뒤 뼈를 제거하 는데, 솥 안에 불을 더 붓지 않는다. 이것은 장어사 집안의 요리법이다.

---

86 장어사(?~?) : 장씨 성을 가진 '어사'를 이르지만, 어떤 사람인지 자세하지 않다.

87 묵은 술 : 찹쌀이나 좁쌀, 수수 따위를 원료로 하여 빚은 중국에서 나는 술을 통틀 어 이르는 말로, 오래된 것일수록 맛이 좋다 하여 붙인 이름이다. 절강성浙江省 소흥 紹興 지방에서 생산되는 소흥주紹興酒를 말하기도 한다.

蔣雞

童子雞一隻, 用鹽四錢·醬油一匙·老酒半茶杯·薑三大片, 放砂鍋內, 隔
水蒸爛, 去骨, 不用水. 蔣御史家法也.

22. 당정함唐靜涵[88]의 닭요리

2근(1.2kg)이나 3근(1.8kg)짜리 닭 1마리를 사용한다. 만약 2근짜리를
사용할 경우 술 1사발과 물 3사발을 사용하고, 3근짜리를 사용할 경우
짐작하여 첨가하면 된다. 우선 닭을 토막 내고, 채종유菜種油 2냥(0.075ℓ)
을 사용하여 기름이 끓기를 기다렸다가 충분히 익을 때까지 닭을 볶는
다. 먼저 술을 붓고 10~20소끔 정도 끓이고 나서 다시 물을 붓고 대략
200~300소끔 정도 끓인 뒤 추유秋油 1술잔을 넣는다. 솥에서 꺼낼 때
설탕 1전(3.75g)을 넣는다. 이것은 당정함 집안의 요리법이다.

唐雞

雞一隻, 或二斤, 或三斤, 如用二斤者, 用酒一飯碗·水三飯碗; 用三斤者,
酌添. 先將雞切塊, 用菜油二兩, 候滾熟, 爆雞要透; 先用酒滾一二十滾,
再下水約二三百滾; 用秋油一酒杯; 起鍋時加白糖一錢. 唐靜涵家法也.

---

88 당정함(?~?) : 소금을 팔아 부호가 된 소주蘇州 사람이다. 원매의《수원시화隨園詩
話》〈소주우우蘇州偶遇〉에 "내가 소주를 들를 때면 언제나 조가항의 당정함 집에 머
물렀다.[余過蘇州, 常寓曹家巷唐精涵家.]"라고 한 것으로 보아 서로 가까운 관계로 추
정된다.

23. 닭간

술과 식초를 뿌려 볶는데 부드러운 것일수록 좋다.

雞肝

用酒·醋噴炒, 以嫩爲貴.

24. 닭피

닭피를 응고시켜 길게 썰고 닭육수와 간장, 식초와 고운 전분을 넣고 국을 끓이는데 노인이 먹기에 적당하다.

雞血

取雞血爲條, 加雞湯·醬·醋·纖粉作羹, 宜于老人.

25. 닭고기채

닭고기를 채 썰어 추유秋油와 겨잣가루, 식초를 넣고 버무린다. 이것은 항주杭州의 요리이다. 죽순을 넣거나 미나리를 넣어도 좋다. 채 썬 죽순과 추유와 술을 넣고 볶는 것도 괜찮다. 버무리는 것은 삶은 닭고기를 사용하고 볶는 것은 생닭고기를 사용한다.

雞絲

拆雞爲絲, 秋油·芥末·醋拌之. 此杭州菜也. 加笋加芹俱可. 用笋絲·秋油·酒炒之亦可. 拌者用熟雞, 炒者用生雞.

26. 술지게미에 절인 닭고기

술지게미에 절인 닭고기의 요리법은 술지게미에 절인 돼지고기 요리법[89]과 동일하다.

糟雞

糟雞法, 與糟肉同.

---

89 술지게미에……요리법 : 권2〈Ⅰ.돼지고기에 대한 항목 31.술지게미에 절인 돼지고기〉를 말한다.

27. 닭콩팥

닭의 콩팥 30개를 살짝 익혀 껍질을 벗기고 닭육수에 양념을 하고 나서 익힌다. 매우 부드럽고 맛이 뛰어나다.

雞腎

取雞腎三十個, 煮微熟, 去皮, 用雞湯加作料煨之. 鮮嫩絶倫.

28. 계란

계란은 껍질을 제거하고 그릇에 담아 대나무 젓가락으로 1천 번 정도 젓고 찌면 매우 부드럽다. 일반적으로 계란은 찌면 단단해지지만 1천 번을 저어서 찌면 도리어 부드러워진다. 찻잎을 넣고 찔 때는 2개의 향이 탈 때(약 4시간)까지만큼 찐다. 계란이 100개일 경우 소금은 1냥(37.5g)을 사용하고, 50개일 경우 소금은 5전(18.75g)을 사용한다. 간장을 넣고 찌는 것도 괜찮다. 나머지 지지거나 볶는 것도 모두 괜찮다. 참새를 넣고 잘게 다져서 찌는 것도 맛이 있다.

雞蛋

雞蛋去殼放碗中, 將竹箸打一千回蒸之, 絶嫩. 凡蛋一煮而老, 一千煮而反嫩. 加茶葉煮者, 以兩炷香爲度. 蛋一百, 用鹽一兩; 五十, 用鹽五錢. 加醬煨亦可. 其他則或煎或炒俱可. 斬碎黃雀蒸之, 亦佳.

29. 꿩 요리 다섯 가지

꿩의 가슴살을 도려내어 간장에 재운 다음 망유網油로 싸서 쇠그릇에 담아 굽는다. 고기는 모나게 얇게 썰어도 괜찮고 말이를 해도 괜찮다. 이것이 한 가지 방법이다. 얇게 썰어 양념을 한 다음 볶는 것도 한 가지 방법이다. 가슴살을 깍둑 써는 것도 한 가지 방법이다. 집닭을 통째로 삶는 것에 의거해 요리하는 것도 한 가지 방법이다.

우선 기름에 볶고 나서 채를 썰어 술과 추유秋油, 식초를 넣고 미나리와 함께 차게 무치는 것도 한 가지 방법이다. 생으로 얇게 썬 고기를 화과火鍋[90]에 넣자마자 곧바로 먹는 것도 한 가지 방법이다. 이 요리법의 단점은 고기가 부드러우면 맛이 고기에 배어들지 않고 맛이 고기에 배어들면 고기가 단단해진다는 것이다.

野雞五法

野雞披胸肉, 清醬鬱過, 以網油包放鐵盔上燒之. 作方片可, 作卷子亦可. 此一法也. 切片加作料炒, 一法也. 取胸肉作丁, 一法也. 當家雞整煨, 一法也. 先用油灼拆絲, 加酒·秋油·醋, 同芹菜冷拌, 一法也. 生片其肉, 入

---

90 화과 : 애채, 고기, 해산물, 면류 등 다양한 재료를 넣고 데쳐 먹는 중국 요리로, 우리나라의 신선로와 비슷하다. 중국식 발음으로는 '훠궈huǒguō'라고 한다.

火鍋中, 登時便喫, 亦一法也. 其弊在肉嫩則味不入, 味入則肉又老.

30. 붉게 졸인 닭고기

붉게 졸인 닭고기 요리는 깨끗하게 씻고 토막을 낸 다음 고기 1근
(600g)에 좋은 술 12냥(0.45ℓ)과 소금 2전 5푼(9.3g), 얼음 설탕 4전(15g)
을 넣고 적당량의 계피를 넣어 함께 질냄비에 담아 뭉근한 숯불로 끓인
다. 술이 졸아드는데도 닭고기가 아직 완전히 익지 않았다면 매 근마다
맑은 물을 찻잔으로 1잔씩 넣는다.

赤炖肉雞

赤炖肉雞, 洗切淨, 每一斤用好酒十二兩·鹽二錢五分·氷糖四錢, 研酌加
桂皮, 同入砂鍋中, 文炭火煨之. 倘酒將乾, 雞肉尙未爛, 每斤酌加淸開水
一茶杯.

31. 표고버섯 닭조림

닭고기 1근(600g), 감주 1근(0.6ℓ), 소금 3전(11.25g), 얼음사탕 4전(15g),
곰팡이가 슬지 않은 신선한 표고버섯을 사용하고, 뭉근한 불로 2개의

향이 탈 때(약 4시간)까지 익힌다. 물은 쓰지 않고 먼저 닭고기를 80% 정
도를 익힌 다음 다시 표고버섯을 넣는다.

蘑菇煨雞

雞肉一斤, 甜酒一斤, 鹽三錢, 氷糖四錢, 蘑菇用新鮮不霉者, 文火煨兩枝
線香爲度. 不可用水, 先煨雞八分熟, 再下蘑菇.

32. 비둘기

비둘기고기에 좋은 화퇴火腿를 넣고 함께 익히면 매우 맛이 있다. 화
퇴를 쓰지 않아도 괜찮다.

鴿子

鴿子加好火腿同煨, 甚佳. 不用火肉, 亦可.

33. 비둘기알

비둘기알을 익히는 방법은 닭콩팥을 익히는 방법[91]과 동일하다. 혹 지

---

91 닭콩팥……방법: 권2 〈Ⅲ. 가금류에 대한 항목 27. 닭콩팥〉을 말한다.

져서 먹는 것도 괜찮고, 식초를 조금 넣는 것도 괜찮다.

鴿蛋

煨鴿蛋法, 與煨雞腎同. 或煎食亦可, 加微醋亦可.

34. 들오리

들오리고기를 두껍게 편으로 썰어 추유秋油에 재우고 나서 설리雪梨 2조각을 끼워 굽는다. 소주蘇州의 포도대包道臺[92] 집의 요리법이 가장 뛰어났지만 지금은 전하지 않는다. 집오리를 찌는 방법으로 찌는 것도 괜찮다.

野鴨

野鴨切厚片, 秋油鬱過, 用兩片雪梨, 夾(往)[住][93]炮炒之. 蘇州包道臺家, 製法最精, 今失傳矣. 用蒸家鴨法蒸之, 亦可.

---

92 포도대(?~?) : 포씨 성을 가진 '도대道臺'를 이르지만, 어떤 사람인지 자세하지 않다. '도대'는 청나라 때 성省 이하, 부府 이상의 지방관원으로 관찰사를 말한다.

93 (往)[住] : 저본에는 '往'으로 되어 있으나, 중화서국과 강소봉황문예출판사 정리본에 의거하여 '住'로 바로잡았다.

35. 오리찜

생오리는 뼈를 제거한 뼈를 제거하고 찹쌀 1술잔, 깍둑 썬 화퇴火腿, 깍둑 썬 순무, 표고버섯, 깍둑 썬 죽순, 추유秋油, 술, 참기름, 잘게 썬 파를 모두 오리 배 속에 채워 넣는다. 밖으로는 오리 육수를 큰 접시에 담아 두고 물에 닿지 않도록 쪄서 익힌다. 이것이 진정眞定[94]의 위태수魏太守 집 요리법이다

蒸鴨

生肥鴨去骨, 內用糯米一酒杯, 火腿丁·大頭菜丁·香蕈·筍丁·秋油·酒·小磨麻油·蔥花, 俱灌鴨肚內, 外用雞湯放盤中, 隔水蒸透. 此眞定魏太守家法也.

36. 오리죽

살찐 오리를 물에 넣고 80% 정도를 익히고 나서 식으면 뼈를 제거한다. 원래의 모양대로 모나거나 둥글지 않은 조각을 만들어 원래의 국물에 넣고 익히는데, 소금 3전(11.25g), 술 반 근(0.3ℓ), 잘게 다진 마를 함께 솥에 넣고 걸쭉하게 만든다. 완전히 익었을 때 다시 생강가루, 표고

---

94 진정 : 오대五代 당唐 때 둔 부府로, 소재지는 하북성河北省 정정현正定縣에 있었다.

버섯, 잘게 썬 파를 넣는다. 만약 국물을 진하게 하려면 전분을 넣고 걸쭉하게 한다. 마 대신 토란을 넣어도 맛이 묘하다.

鴨糊塗

用肥鴨, 白煮八分熟, 冷定去骨, 拆成天然不方不圓之塊, 下原湯內煨, 加鹽三錢·酒半斤, 捶碎山藥[95], 同下鍋作纖, 臨煨爛時, 再加薑末·香蕈·蔥花. 如要濃湯, 加放粉纖. 以芋代山藥亦妙.

37. 오리수육

물을 쓰지 않고 술로 오리를 삶고 나서 뼈를 제거하고 양념을 쳐서 먹는다. 고요高要[96]의 현령 양공楊公[97] 집 요리법이다.

鹵鴨

不用水, 用酒, 煮鴨去骨, 加作料食之. 高要令楊公家法也.

---

95 山藥 : 마의 다른 이름이다. 자세한 내용은 p.124 역주 58) 참고.

96 고요 : 한漢 무제武帝 때 둔 현으로, 소재지는 광동성廣東省 조경시肇慶市에 있었다.

97 양공 : 양국림楊國霖(?~?)을 말한다. 광동고요지현廣東高要知縣을 지냈고 원매와 교유한 인물로, 원매가 〈여양란파명부서與楊蘭坡明府書〉라는 제목의 편지를 보내기도 하였다.

38. 오리포

살찐 오리를 큰 토막으로 썰어 술 반 근(0.3ℓ), 추유秋油 1잔, 죽순, 표고버섯, 잘게 썬 파를 넣고 졸인 다음 솥에서 꺼낸다.

鴨脯

用肥鴨, 斬大方塊, 用酒半斤·秋油一杯·笋·香蕈·蔥花悶之, (敗)[收]⁹⁸鹵起鍋.

39. 오리 갈고리구이

어린 오리를 갈고리에 꿰어 굽는다. 풍관찰馮觀察⁹⁹의 집 주방에서 만든 것이 가장 맛이 뛰어나다.

燒鴨

用雛鴨, 上叉燒之. 馮觀察家廚, 最精.

---

98 (敗)[收] : 저본에는 '敗'로 되어 있으나, 청淸 건륭임자乾隆壬子 소창산방장판본本小倉山房藏版本과 수원장판본隨園藏版本에 의거하여 '收'로 바로잡았다.

99 풍관찰(?~?) : 풍씨 성을 가진 '관찰觀察'을 이르지만, 어떤 사람인지 자세하지 않다.

40. 오리구이

오리의 배 속에 파를 채우고 뚜껑을 닫고 불로 굽는다. 수서문水西門의 허점許店 요리가 가장 뛰어나다. 집에서 요리할 수는 없다. 황색과 흑색 두 가지 색이 있는데 황색이 더 맛이 묘하다.

挂鹵鴨

塞蔥鴨腹, 蓋悶而燒. 水西門許店, 最精. 家中不能作. 有黃·黑二色, 黃者更妙.

41. 도가니 오리찜

항주杭州의 상인 하성거何星擧[100] 집의 도가니 오리찜이다. 살찐 오리 1마리를 깨끗이 씻어 여덟 조각을 내고 감주, 추유秋油를 넣고 오리가 잠길 정도로 담갔다가 도자기 그릇에 담아 밀봉하여 도가니에 놓고 찐다. 뭉근한 숯불을 사용하고 물은 사용하지 않는다. 식탁에 올릴 때 살코기가 모두 마치 진흙처럼 부드럽다. 2개의 선향線香[101]이 타는 정도의 시간만큼 삶는다.

---

100 하성거(?~?) : 어떤 사람인지 자세하지 않다.
101 선향 : 향료 가루를 실처럼 가늘고 길게 굳힌 향을 말한다.

乾蒸鴨

杭州商人何星擧家乾蒸鴨. 將肥鴨一隻, 洗淨斬八塊, 加甜酒·秋油, 淹滿
鴨面, 放磁罐中封好, 置乾鍋中蒸之; 用文炭火, 不用水, 臨上時, 其精肉
皆爛如泥. 以線香二枝爲度.

42. 들오리완자

잘게 다진 들오리 가슴살에 돼지기름과 전분을 조금 넣고 섞어서 완
자를 만들어 닭 육수에 넣고 끓인다. 원래의 오리 육수를 사용하는 것
도 맛이 있다. 태흥공太興孔[102]의 부모님 집에서 만든 요리가 매우 뛰어
나다.

野鴨團

細斬野鴨胸前肉, 加猪油微纖, 調揉成團, 入雞湯滾之. 或用本鴨湯亦佳.
太興孔親家制之, 甚精.

---

102 태흥공 : 공계간孔繼檊(1746~1817)을 이른다. '공계한孔繼澣'이라고도 한다. 자는 음
   사陰泗이고, 호는 저곡雪谷·저곡樗谷이다. 원매의 〈여공저곡친가與孔雪谷親家〉라
   는 글이 있다.

43. 서압[103]

크고 싱싱한 오리 1마리에 백화주百花酒[104] 12냥(0.45ℓ), 청염靑鹽[105] 1냥 2전(45g), 끓는 물 한 그릇을 붓고 잘 섞어 찌꺼기를 제거하고 나서 다시 찬물 7그릇을 더 붓는다. 약 1냥(37.5g)이 되는 싱싱하고 두꺼운 생강 4조각을 함께 크고 뚜껑이 있는 질그릇에 담고 피지皮紙[106]로 입구를 밀봉한다. 큰 화롱火籠[107]을 이용하여 3원【대략 1개에 2문이다.】하는 탄길炭吉[108]을 피우고 화롱의 바깥에는 한 개의 덮개로 화롱을 씌워 열기가 밖으로 빠져나가지 않도록 한다.

대략 이른 시간부터 익히기 시작하여 저녁까지 익히는 것이 좋다. 익히는 시간이 짧으면 익지도 않고 맛도 좋지 않다. 탄길을 피우고 나서 다른 질그릇으로 바꾸어서는 안 되고, 또 익기 전에 미리 열어보아서도 안 된다. 익은 오리는 꺼내서 맑은 물로 깨끗이 씻은 뒤 풀을 먹이지 않은 천으로 깨끗하게 닦아 물기를 없애고 나서 질그릇에 넣는다.

---

103 서압 : 서씨 노인이 즐겨 먹던 오리 요리에서 붙여진 이름이다.

104 백화주 : 온갖 꽃을 넣어 빚을 술을 말한다.

105 청염 : 산동성山東省 청도靑島에서 생산되는 소금을 말한다.

106 피지 : 닥나무 껍질이나 뽕나무 껍질로 만들어 얇고 구멍이 많은 질이 낮은 종이를 말한다. 일명 '피딱지'라고도 한다.

107 화롱 : '대바구니 난로[烘籃]'라고도 하는데, 대바구니 안에 작은 난로가 들어 있는 형태이다.

108 탄길 : 연료의 일종이다.

徐鴨

頂大鮮鴨一隻, 用百花酒十二兩·靑鹽一兩二錢·滾水一湯碗, 沖化去渣
沫, 再兌冷水七飯碗, 鮮薑四厚片, 約重一兩, 同入大瓦蓋鉢內, 將皮紙封
固口, 用大火籠燒透大炭吉三元【約二文錢一個.】; 外用套包一個, 將火
籠罩定, 不可令其走氣. 約早點時炖起, 至晚方好. 速則恐其不透, 味便不
佳矣. 其炭吉燒透後, 不宜更換瓦鉢, 亦不宜預先開看. 鴨破開時, 將淸水
洗後, 用潔淨無漿布拭乾入鉢.

44. 참새조림

참새 50마리를 취하여 간장과 감주를 넣고 익힌다. 익으면 발톱과 다
리를 제거하고 가슴 고기와 머리 고기만으로 국물까지 접시에 담으면
매우 맛있고 신선하다. 기타 까마귀와 까치도 모두 이러한 방법을 미루
어 요리하면 된다. 다만 싱싱한 것은 한꺼번에 얻기 어렵다. 설생백薛生
白[109]이 늘 사람들에게 "사람들이 기르는 가축을 먹지 마라!"라고 권하
였으니, 이는 야생동물의 맛이 산뜻하고 소화가 잘 되기 때문이다.

---

109 설생백 : 설설薛雪(1681~1770)을 말한다. 자는 생백生白이고 호는 일표一瓢이다. 젊
을 때 섭섭葉燮에게 시를 배웠다. 난초 그림에 뛰어나며, 권법에도 일가를 이루었을
뿐만 아니라 의술에도 정통해 섭천사葉天士와 명성을 나란히 했다. 저서로《주역수
의周易粹義》와《일표시화一瓢詩話》등이 있다.

煨麻雀

取麻雀五十隻, 以清醬·甜酒煨之, 熟後去爪脚, 單取雀胸·頭肉, 連湯放
盤中, 甘鮮異常. 其他烏鵲俱可類推. 但鮮者一時難得. 薛生白常勸人: "勿
食人間豢養之物." 以野禽味鮮, 且易消化.

45. 메추라기와 꾀꼬리조림

메추라기는 육합六合[110]에서 나는 것이 가장 맛이 있다. 판매하는 것
도 좋은 것이 있다. 꾀꼬리는 소주蘇州의 술지게미에 밀주密酒를 넣고
뭉근한 불로 익히는데, 양념을 하는 것은 참새조림[111]과 동일하다.

소주蘇州 심관찰沈觀察[112]의 참새조림은 뼈까지 부드러운데 어떠한 방
법으로 요리하는지 모른다. 생선편볶음도 맛이 뛰어나다. 그 요리사의
뛰어난 솜씨는 오문吳門[113] 일대에서도 첫 번째로 손꼽는다.

煨鶉鶉·黃雀

鶉鶉用六合來者, 最佳. 有現成製好者. 黃雀用蘇州糟, 加蜜酒煨爛, 下作
料, 與煨麻雀同. 蘇州沈觀察煨黃雀, 竝骨如泥, 不知作何製法. 炒魚片亦
精. 其廚饌之精, 合吳門推爲第一.

---

110 육합 : 지금의 강소성江蘇省 남경시南京市 육합현六合縣을 말한다.

111 참새조림 : 바로 위에 있는 〈44. 참새조림〉을 말한다.

112 심관찰(?~?) : 심씨 성을 가진 '관찰觀察'을 이르지만, 어떤 사람인지 자세하지 않다.

113 오문 : 강소성江蘇省 소주蘇州 일대를 말한다.

46. 운림의 거위

《예운림집倪雲林集[114]》에 실린 거위요리법은 거위 1마리를 손질하여 깨끗이 씻고 나서 소금 3전(11.25g)으로 뱃속을 잘 문지르고 파 한 움큼을 그 속에 채운다. 겉에는 꿀을 술과 잘 섞어 전체를 바르고 솥 안에 큰 한 사발의 술과 큰 한 사발의 물을 넣고 찌는데, 대나무 가지를 걸쳐 거위가 물에 가까이 닿지 않게 한다. 부엌에서 산모山茅[115] 2단으로 천천히 다 탈 때까지 땐다.

솥뚜껑이 식을 때까지 기다렸다가 솥뚜껑을 열어 거위를 뒤집고서 다시 솥뚜껑을 잘 닫고 찐다. 이때 다시 1단의 모시茅柴[116]가 다 탈 때까지 때는데 땔감이 완전히 다 탈 때까지 기다려야지 불을 돋우어서는 안 된다. 솥뚜껑은 면지綿紙[117]에 풀을 발라 밀봉하는데 마르면 찢어지기 때문에 물로 적셔준다. 솥에서 꺼낼 때 거위고기가 진흙처럼 부드러울 뿐만 아니라 국물 역시 신선하고 맛이 있다. 이러한 방법으로 오리를 요리해도 똑같이 맛이 있다.

모시 1단마다 1근 8냥(900g)짜리 오리를 요리할 수 있다. 소금을 문지

---

114 예운림집 : 《예운림당음식제도집倪雲林堂飮食制度集》을 이르는 듯하지만 이 책에 실려 있지 않은 내용이다. '예운림'은 아찬倪瓚(1301?~1374)을 말한다. 원나라 때의 화가로 자는 원진元鎭이고, 호는 운림雲林·형만민荊蠻民·환하생幻霞生이다. 그의 화풍은 분기의 일기逸氣에 넘쳐 명초의 왕불王紱, 중기의 문징명文徵明, 후기의 홍인弘仁 등이 그를 따랐다. 대표작으로 〈용슬제도容膝齊圖〉 등이 있다.

115 산모 : 산에서 나는 띠풀 종류의 땔감을 이르는 듯하다.

116 모시 : 띠 종류의 땔감을 말한다.

117 면지 : 나무껍질로 만든 종이로 부드러우면서 질기다.

를 때는 소금에 파와 산초가루를 집어넣고 술로 고루 잘 섞는다.《운림
집雲林集》에 실린 식품이 매우 많은데 다만 이 한 가지 요리법만 시험해
보니 매우 효과가 있고 나머지는 모두 견강부회한 것이다.

雲林鵝

《倪雲林集》中, 載制鵝法. 整鵝一隻, 洗淨後, 用鹽三錢擦其腹內, 塞蔥一
帚塡實其中, 外將蜜拌酒通身滿塗之, 鍋中一大碗酒·一大碗水蒸之, 用
竹箸架之, 不使鵝身近水. 竈內用山茅二束, 緩緩燒盡爲度. 俟鍋蓋冷後,
揭開鍋蓋, 將鵝翻身, 仍將鍋蓋封好蒸之, 再用茅柴一束, 燒盡爲度; 柴俟
其自盡, 不可挑撥. 鍋蓋用綿紙糊封, 逼燥裂縫, 以水潤之. 起鍋時, 不但
鵝爛如泥, 湯亦鮮美. 以此法製鴨, 味美亦同. 每茅柴一束, 重一斤八兩.
擦鹽時, 串入蔥·椒末子, 以酒和勻.《雲林集》中, 載食品甚多; 只此一法,
試之頗效, 餘俱附會.

47. 거위구이

항주杭州의 거위구이는 사람들에게 비웃음을 받는데, 이는 제대로 익
히지 않았기 때문이다. 주방에서 직접 맛있게 굽는 것만 못하다.

燒鵝

杭州燒鵝, 爲人所笑, 以其生也. 不如家廚自燒爲妙.

I.
비늘이 있는 물고기에 대한 항목

물고기는 모두 비늘을 제거하지만 준치만은 비늘을 제거하지 않는다. 내가 생각하기에 물고기는 비늘이 있어야 모양이 온전하다. 그래서 '비늘이 있는 물고기에 대한 항목'을 짓는다.

〈水族有鱗單〉

魚皆去鱗, 惟鰣魚不去. 我道有鱗而魚形始全. 作〈水族有鱗單〉.

1. 변어[1]

살아 있는 변어에 술과 추유秋油를 넣고 옥빛이 날 때까지 찐다. 만약 흰색이 되면 고기가 단단해지고 맛도 변한다. 뚜껑을 덮어서 찌는 것이 좋지만, 뚜껑 속에 맺힌 물방울이 물고기 위에 떨어지게 해서는 안 된다. 꺼낼 때 표고버섯과 죽순 끝을 넣는다. 술을 넣고 지져서 먹는 것도 맛있는데, 술은 넣어도 되지만 물은 넣으면 안 된다. '준치 맛 변어[假鰣魚]'라고 부른다.

邊魚

邊魚活者, 加酒 · 秋油蒸之. 玉色爲度. 一作呆白色, 則肉老而味變矣. 竝須蓋好, 不可受鍋蓋上之水氣. 臨起加香蕈 · 笋尖. 或用酒煎亦佳, 用酒不用水, 號'假鰣魚'.

2. 붕어

먼저 좋은 붕어를 산다. 납작하고 흰색을 띤 것을 고르면 살이 연하고 부드럽다. 익은 다음에 들어 올리면 살이 뼈와 분리되어 떨어진다. 등이 검고 몸이 둥근 것은 살이 단단하고 뼈가 많아 물고기 가운데서도

---

1 변어 : 편어鯿魚, 요하편遼河鯿, 그리고 흰 아무르 도미(white amur bream)으로도 불리는 민물고기다.

좋지 않아 절대로 먹을 수 없다. 변어邊魚를 찌는 방법을 참고하면 맛이 좋다. 그다음 지져서 먹는 것도 맛이 묘하다. 살을 발라 국을 끓여도 괜찮다. 통주通州² 사람들은 끓여 먹기도 하는데 머리와 꼬리 모두 연하여 '소어酥魚'라고 부르는데 어린아이들이 먹기에 좋다. 그렇지만 쪄서 먹는 참맛만 못하다.

육합현六合縣의 용지龍池에서 나오는데 클수록 부드럽고 또 맛이 기이하다. 찔 때는 술을 넣어야지 물을 넣어서는 안 되며 조금씩 설탕을 넣어서 신선한 맛이 나게 해야 한다. 물고기의 크기에 따라 추유秋油와 술의 양을 가늠하여 넣어야 한다.

鯽魚

鯽魚先要善買. 擇其扁身而帶白色者, 其肉嫩而鬆; 熟後一提, 肉卽卸骨而下. 黑脊渾身者, 崛强槎枒, 魚中之喇子也, 斷不可食. 照邊魚蒸法, 最佳. 其次煎喫亦妙. 拆肉下可以作羹. 通州人能煨之, 骨尾俱酥, 號'酥魚', 利小兒食. 然總不如蒸食之得眞味也. 六合龍池出者, 愈大愈嫩, 亦奇. 蒸時用酒不用水, 稍稍用糖以起其鮮. 以魚之小大, 酌量秋油·酒之多寡.

---

2 통주 : 지금의 강소성江蘇省 남통南通 통주시通州市를 말한다.

3. 백어[3]

백어의 살은 매우 부드럽다. 지게미로 준치를 찌는 방법대로 요리하는 것이 가장 맛이 있다. 혹 겨울에는 약간 절였다가 술지게미에 이틀 동안 두었다가 쪄 먹어도 맛있다. 내가 강에서 그물을 걷어 올려 잡은 백어에 술을 넣고 쪄서 먹었더니 그 맛이 말할 수 없이 좋았다. 지게미로 요리하는 것이 가장 맛이 있다. 다만 술지게미에 너무 오래 두어서는 안 된다. 오래 두면 살이 단단해진다.

白魚

白魚肉最細. 用糟鰣魚同蒸之, 最佳. 或冬日微醃, 加酒釀糟二日, 亦佳. 余在江中得網起活者, 用酒蒸食, 美不可言. 糟之最佳; 不可太久, 久則肉木矣.

4. 쏘가리

쏘가리는 뼈가 적어서 얇게 썰어 볶는 것이 가장 맛이 좋다. 볶는 것은 얇게 썬 것을 가장 귀하게 여긴다. 추유秋油에 살짝 절이고 나서 전분과 계란 흰자를 묻히고 꺼내 기름 솥에 넣어 볶은 다음 양념을 넣고

3 백어 : 잉엇과에 속하는 물고기로. 중국의 운남雲南이나 사천四川 등에서 생산된다.

다시 볶는다. 식물성 기름을 사용한다.

季魚

季魚少骨, 炒片最佳. 炒者以片薄爲貴. 用秋油細鬱後, 用縴粉·蛋淸摟之,
入油鍋炒, 加作料炒之. 油用素油.

5. 가물치[4]

항주杭州에서는 가물치를 상품으로 여긴다. 그러나 금릉金陵 사람들
은 천하게 생각하여 호랑이 머리를 가진 뱀으로 여기니 웃음이 터져 나
온다. 살이 가장 부드럽고 연하다. 지지거나 굽거나 쪄도 모두 괜찮다.
겨자에 절여 탕을 끓이거나 국을 끓이면 더욱 맛이 있다.

土步魚

杭州以土步魚爲上品. 而金陵人賤之, 目爲虎頭蛇, 可發一笑. 肉最鬆嫩.
煎之·煮之·蒸之俱可. 加腌芥作湯·作羹, 尤鮮.

---

4 가물치 : 물 밖에서도 걸어 다닌다고 하여 붙여진 이름이다.

6. 어송[5]

청어靑魚와 초어草魚[6]를 쪄서 살을 발라 기름 솥에 넣고 지진다. 황색이 되면 소금·파·산초·과강瓜薑을 넣는다, 겨울에도 병에 넣고 밀봉을 하면 1달도 보관이 가능하다.

魚松

用靑魚·鯶魚蒸熟, 將肉拆下, 放油鍋中灼之, 黃色, 加鹽花·蔥·椒·瓜薑.
冬日封瓶中, 可以一月.

7. 생선완자

살아 있는 백어白魚와 청어靑魚를 반으로 가르고 나무판 위에 고정시켜 칼로 살을 긁어내고 나무판 위에 뼈는 남겨둔다. 살을 잘게 다지고 나서 전분과 돼지기름을 잘 버무려 손으로 반죽을 한다. 소금물을 조금 넣고 간장은 넣지 않는다. 파와 생강즙을 넣고 완자를 만든 뒤에 끓는 물에 넣어 삶아서 건져낸 다음 냉수에 담가 두었다가 먹을 때 닭 육수나 김을 끓인 물에 넣어 먹으면 된다.

---

5 어송 : 물고기의 살로 양념을 하고 말려서 가느다란 털 모양으로 만든 식품을 말한다.
6 초어 : 잉엇과에 속하는 중국 원산의 민물고기이다. 혼어鯶魚·환어鯇魚라고도 부른다.

魚圓

用白魚·靑魚活者, 破半釘板上, 用刀刮下肉, 留刺在板上; 將肉斬化, 用
豆粉·猪油拌, 將手攪之; 放微微鹽水, 不用淸醬, 加蔥·薑汁作團, 成後,
放滾水中煮熟撩起, 冷水養之, 臨喫入雞湯·紫菜滾.

8. 생선편

청어靑魚와 쏘가리를 얇게 썬 살을 추유秋油에 절이고 나서 전분과 계
란 흰자를 넣고 기름 솥에 넣고 튀겨 소반에 담아 파·산초·과강瓜薑을
넣는다. 얇게 썬 살이 많아도 6냥(225g)을 넘겨서는 안 된다. 너무 많으
면 불기운이 침투하지 않는다.

魚片

取靑魚·季魚片, 秋油鬱之, 加縴粉·蛋淸, 起油鍋炮炒, 用小盤盛起, 加
蔥·椒·瓜薑, 極多不過六兩, 太多則火氣不透.

9. 연어두부

큰 연어를 지져서 익힌 다음 두부를 넣고 간장·파·술을 뿌리고 끓인

다. 탕이 반쯤 붉은색이 나기를 기다렸다가 솥에서 꺼내는데 생선의 머리가 매우 맛이 좋다. 이것은 항주杭州의 요리이다. 간장의 양은 물고기를 살펴 사용한다.

連魚豆腐

用大連魚煎熟, 加豆腐, 噴醬水·蔥·酒滾之, 俟湯色半紅起鍋, 其頭味尤美. 此杭州菜也. 用醬多少, 須相魚而行.

10. 초루어[7]

살아 있는 청어靑魚를 큰 조각으로 썰어 기름에 튀기고 나서 간장·식초·술을 뿌린다. 탕의 국물이 많아야 맛이 좋다. 익는 즉시 빨리 솥에서 꺼낸다.

이것은 항주杭州 서호西胡 가에 있는 오류거五柳居 음식점에서 만든 것이 가장 유명하다. 그런데 지금은 장에서 냄새가 나고 생선도 좋지 않다. 심하구나. 송씨 아주머니의 생선죽[8]이 허명만 남음이여.

---

7 초루어 : 익힌 생선에 식초를 가미하여 맛을 내는 요리법의 하나이다.

8 송씨 아주머니의 생선죽 : 절강성浙江省의 전통 요리로, 쏘가리나 농어를 익혀서 고기만 다지고 나서 온갖 식재를 넣어 끓인 생선죽이다. 맛이 게죽과 견줄만하다고 하여 '새해갱賽蟹羹'이라고도 한다.

《몽양록夢梁錄[9]》은 믿을 것이 못된다. 이 요리에서는 물고기가 커서는 안 되니 크면 맛이 배어들지 않고, 작아서도 안 되니 작으면 뼈가 많다.

醋㩻魚

用活青魚切大塊, 油灼之, 加醬·醋·酒噴之, 湯多爲妙. 俟熟卽速起鍋. 此物杭州西湖上五柳居最有名. 而今則醬臭而魚敗矣. 甚矣! 宋嫂魚羹, 徒存虛名.《夢梁錄》不足信也. 魚不可大, 大則味不入; 不可小, 小則刺多.

11. 은어

은어를 물에서 건져 낼 때는 '빙선氷鮮'이라고 부른다. 닭 육수와 화퇴탕火腿湯을 넣고 끓인다. 볶아 먹어도 매우 부드럽다. 마른 것은 물에 불려서 부드럽게 한 다음 맛간장을 넣고 볶아도 맛이 묘하다.

銀魚

銀魚起水時, 名氷鮮. 加雞湯·火腿湯煨之. 或炒食甚嫩. 乾者泡軟, 用醬水炒亦妙.

---

9 몽양록 : 중국 남송南宋의 수도 임안臨安의 지리·풍속을 기술한 오자목吳自牧의 수필집이다.

12. 태주台州의 건어

태주의 건어는 품질이 일정하지 않다. 태주의 송문松門[10]에서 생산되는 것이 맛있는데 살이 부드럽고 살져 있다. 살아 있을 때는 손질하여 간단한 요리를 만들 수 있으니 반드시 익혀서 먹을 필요는 없다.

신선한 돼지고기와 함께 익힐 때는 반드시 돼지고기가 익었을 때 건어를 넣어야 한다. 그렇게 하지 않으면 건어의 살이 풀어져서 보이지 않는다. 얼린 것을 '상동鯗凍'이라고 하는데, 이것은 소흥紹興 사람들의 요리법이다.

台鯗

台鯗好醜不一. 出台州松門者爲佳, 肉軟而鮮肥. 生時拆之, 便可當作小菜, 不必煮食也; 用鮮肉同煨, 須肉爛時放鯗; 否則, 鯗消化不見矣, 凍之卽爲鯗凍. 紹興人法也.

13. 조상[11]

겨울에 큰 잉어를 소금에 절여 말린다. 술지게미에 넣어 단지 속에 두고 입구를 밀봉해 두었다가 여름에 먹는다. 소주로 불려서는 안 된다.

---

10 태주의 송문 : 지금의 절강성浙江省 태주台州 온령시溫岭市이다.
11 조상 : 술지게미에 담갔다가 말린 물고기이다.

소주를 사용하면 매운맛이 있다.

糟鯗

冬日用大鯉魚, 醃而乾之, 入酒糟, 置罈中, 封口. 夏日食之. 不可燒酒作
泡. 用燒酒者, 不無辣味.

14. 새우알 밴댕이포

여름에 깨끗하고 알을 밴 밴댕이포를 골라 하루 정도 물에 담가 짠맛
을 빼고 태양에 말린다. 솥에 넣고 기름으로 지진다. 한쪽이 노릇하게
익으면 꺼낸다. 아직 노릇하게 익지 않은 곳에 새우알을 올려 접시에 담
고, 백설탕을 뿌리고 1개의 향이 탈 때(약 2시간)까지 찐다. 삼복날 먹으
면 매우 맛이 묘하다.

蝦子勒鯗

夏日選白淨帶子勒鯗, 放水中一日, 泡去鹽味, 太陽晒乾, 入鍋油煎, 一面
黃取起, 以一面來黃者鋪上蝦子, 放盤中, 加白糖蒸之, 以一炷香爲度. 三
伏日食之絶妙.

15. 물고기포

살아 있는 청어靑魚의 머리와 꼬리를 제거하고 작고 모나게 토막 내어 소금에 절인 다음 바람에 말려 솥에 넣고 기름에 지진다. 양념을 넣고 졸인다. 다시 볶은 깨를 넣고 끓으면 솥에서 꺼낸다. 이것은 소주蘇州의 요리법이다.

魚脯

活靑魚去頭尾, 斬小方塊, 鹽醃透, 風乾, 入鍋油煎; 加作料收鹵, 再炒芝麻滾拌起鍋. 蘇州法也.

16. 일상식 생선지짐

일상식 생선지짐은 인내심이 필요하다. 초어를 깨끗이 씻고 토막 내어 소금에 절여서 납작하게 눌러 두었다가 기름에 넣어 양쪽을 노릇하게 굽고 술과 추유秋油를 많이 넣고 뭉근한 불로 천천히 익힌다. 이후 국물을 졸여 양념의 맛이 온전히 생선에 배어들도록 한다. 다만 이 요리법은 살아있지 않은 물고기를 가리켜 말한 것이다. 만약 살아있다면 또 빠르게 솥에서 꺼내는 것이 좋다.

家常煎魚

家常煎魚, 須要耐性. 將鯶魚洗淨, 切塊鹽醃, 壓扁, 入油中兩面熯黃, 多加酒·秋油, 文火慢慢滾之, 然後收湯作鹵, 使作料之味全入魚中. 第此法指魚之不活者而言. 如活者, 又以速起鍋爲妙.

17. 황고어[12]

휘주徽州에서 나는 작은 물고기로 길이가 2~3촌(약 6.8~10.2cm)인데, 말려서 부쳐온다. 술을 뿌려 껍질을 벗겨 밥솥 위에 올려 쪄서 먹으며 맛이 가장 신선하다. '황고어黃姑魚'라고 부른다.

黃姑魚

徽州出小魚, 長二三寸, 晒乾寄來. 加酒剝皮, 放飯鍋上, 蒸而食之, 味最鮮, 號'黃姑魚'.

12 황고어 : 잉엇과의 민물고기로, 옆으로 편평하며 흰색 바탕에 등 쪽은 어두운 갈색이다. '황고어黃鯝魚'라고도 한다.

Ⅱ.
비늘이 없는 물고기에 대한 항목

비늘이 없는 물고기는 비린내가 배나 나니 삶을 때 반드시 더 신경 써서 생강과 계피로 비린내를 잡아야 한다. 그래서 '비늘이 없는 물고기에 대한 항목'을 짓는다.

水族無鱗單

魚無鱗者, 其腥加倍, 須加意烹飪, 以薑·桂勝之. 作〈水族無鱗單〉.

1. 장어탕

장어에서 가장 꺼리는 것은 뼈를 제거하고 요리하는 것이다. 왜냐하면 이 물고기의 성질이 본래 비린내가 심하여 마음대로 요리하면 본연의 맛을 잃어버리기 때문이니, 준치에서 비늘을 제거해서는 안 되는 것과 같다. 맑게 끓일 때는 1마리의 민물장어를 취하여 점액질을 깨끗이 씻고 1촌(3.3cm)씩 토막 내어 도자기로 만든 솥에 넣고 술과 물을 붓고 충분히 익힌다. 그리고 나서 추유秋油를 넣고 솥에서 꺼내 겨울에 새로 절인 겨자를 넣고 탕을 끓인 다음 파와 생강 등을 넣어 비린내를 잡는다.

상숙常熟[13]의 고비부顧比部[14] 집에서 전분과 말린 마를 넣고 끓인 것도 매우 맛이 묘하다. 혹은 양념을 넣고 곧바로 접시에 놓고 찔 때는 물을 넣지 않는다. 우리 집 분사分司[15] 치화致華[16]가 요리한 장어찜이 가장 맛이 있다. 추유秋油와 술을 4:6 비율로 섞어 탕에 장어가 잠기도록 한다. 찜통에서 꺼낼 때 시간을 알맞게 해야지 늦게 꺼내면 껍질이 오그라들고 맛이 없어진다.

湯鰻

鰻魚最忌出骨. 因此物性本腥重, 不可過于擺布, 失其天眞, 猶鰣魚之不

---

13 상숙 : 강소성江蘇省에 있는 현 이름이다.

14 고비부 : '고顧'는 고진顧震(?~?)을 말한다. '비부比部'는 명청시대 형부刑部와 형부의 관원을 이르는 말이다.

15 분사 : 명·청 때 염운사鹽運司 밑에서 염무鹽務를 맡아 보던 관서나 관원을 말한다.

16 치화 : 원매의 조카 원치화袁致華(?~?)를 말한다.

可去鱗也. 淸煨者, 以河鰻一條, 洗去滑涎, 斬寸爲段, 入磁罐中, 用酒水煨爛, 下秋油起鍋, 加冬醃新芥菜作湯, 重用蔥·薑之類, 以殺其腥. 常熟顧比部家, 用縴粉·山藥乾煨, 亦妙. 或加作料, 直置盤中蒸之, 不用水. 家致華分司蒸鰻最佳. 秋油·酒四六兌, 務使湯浮于本身. 起籠時, 尤要恰好, 遲則皮皺味失.

2. 붉게 졸인 장어

장어는 술과 물을 넣어 익히는데, 추유秋油 대신 단된장을 솥에 넣고 졸이고 나서 회향茴香과 대료大料[17]를 넣고 솥에서 꺼낸다. 세 가지 경계해야 할 주의점이 있으니, 그중 한 가지는 껍질이 오그라들어 매끄럽지 않은 것이고, 또 한 가지는 그릇에 살이 다 풀어져 젓가락으로 집을 수 없는 것이다. 또 한 가지는 염시鹽豉를 일찍 넣어 살을 입에 넣어도 부드럽지가 않은 것이다. 양주揚州의 주분사朱分司[18] 집에서 요리한 요리가 가장 맛이 있다.

대개 붉게 조린 것은 마른 것을 귀하게 여기니, 노미鹵味[19] 양념 맛이 장어 살에 베도록 하는 것이다.

---

17 대료 : 향신료의 일종으로 붓순나무의 열매[八角]이다. 자세한 내용은 p.89 역주 5) 참고.

18 주분사(?~?) : 주씨 성을 가진 '분사分司'를 이르지만, 어떤 사람인지 자세하지 않다.

19 노미 : 간장을 넣고 오랜 시간 충분히 삶은 요리를 말한다.

紅煨鰻

鰻魚用酒·水煨爛, 加甜醬代秋油, 入鍋收湯煨乾, 加茴香·大料起鍋. 有
三病宜戒者: 一皮有皺紋, 皮便不酥; 一肉散碗中, 箸夾不起; 一早下鹽豉,
入口不化. 揚州朱分司家, 製之最精. 大抵紅煨者, 以乾爲貴, 使鹵味收入
鰻肉中.

3. 장어튀김

큰 장어를 골라 머리와 꼬리를 제거하고 1촌(3.3cm) 크기로 토막 낸
다. 먼저 참기름에 튀긴 다음 꺼낸다. 따로 신선한 쑥갓의 부드러운 끝
부분을 솥에 넣고 원래의 기름에 튀겨 곧바로 장어의 살을 쑥갓 위에
평평하게 편다. 양념을 넣고 1개의 향이 탈 때(약 2시간)까지 끓인다. 쑥
갓의 양은 장어의 절반 정도로 한다.

炸鰻

擇鰻魚大者, 去首尾, 寸斷之. 先用麻油炸熟, 取起; 另將鮮蒿菜嫩尖入鍋
中, 仍用原油炒透, 卽以鰻魚平鋪菜上, 加作料, 爆一炷香. 蒿菜分量, 較
魚減半.

4. 생자라볶음

자라에서 뼈를 제거하고 참기름을 넣고 볶다가 추유秋油 1잔과 닭 육수 1잔을 넣는다. 이는 진정眞定의 위태수魏太守 집의 요리법이다.

生炒甲魚

將甲魚去骨, 用麻油炮炒之, 加秋油一杯·雞汁一杯. 此眞定魏太守家法也.

5. 자라간장볶음

자라를 반쯤 익히고 뼈를 제거한다. 기름솥에 넣어 볶다가 맛간장·파·산초를 넣고 졸여 걸쭉하게 되면 꺼낸다. 이것은 항주杭州의 요리법이다.

醬炒甲魚

將甲魚煮半熟, 去骨, 起油鍋炮炒, 加醬水·蔥·椒, 收湯成鹵, 然後起鍋. 此杭州法也.

6. 뼈 있는 자라

반 근(300g)짜리 자라를 네 토막 내고 동물성 기름 2냥(0.075ℓ)을 기름솥에 넣고 양쪽을 노릇하게 지진 다음 물·추유秋油·술을 넣고 익힌다. 먼저 센 불에 익히고 나서 약한 불로 80% 정도를 익히고 나서 마늘을 넣는다. 솥에서 꺼낸 뒤에는 파·생강·설탕을 넣는다. 자라는 작은 것이 적당하고 큰 것은 좋지 않다. 세칭 '동자각어童子脚魚'[20]라고 하는 것이 부드럽다.

帶骨甲魚

要一個半斤重者, 斬四塊, 加脂油二兩, 起油鍋煎兩面黃, 加水·秋油·酒煨; 先武火, 後文火, 至八分熟加蒜, 起鍋用蔥·薑·糖. 甲魚宜小不宜大. 俗號'童子脚魚'才嫩.

7. 소금 자라

자라를 네 토막을 내어 기름솥에 넣고 튀겨서 익힌다. 자라 1근(600g)마다 술 4냥(0.15ℓ)과 큰 회향茴香 3전(11.25g)·소금 1전 반(5.625g)을 넣고 반쯤 익힌다. 동물성 기름 2냥(0.075ℓ)을 넣고 작은 콩 크기로 잘라

---

20 동자각어 : 아직 완전히 다 자라지 않은 어린 자라를 말한다. 별鼈·단어團魚·수신守神·하백사자河伯使者·하백종사河伯從事·왕팔王八·각어脚魚라고도 한다.

다시 익힌 다음 마늘·죽순 끝을 넣는다. 꺼낼 때 파·산초를 넣는데, 만약 추유秋油를 넣었으면 소금을 넣지 않는다.

이것은 소주蘇州 당정함唐靜涵의 집 요리법이다. 자라는 크면 질기고 작으면 비린내가 나기 때문에 반드시 중간크기로 사야 한다.

靑鹽[21]甲魚

斬四塊, 起油鍋炮透. 每甲魚一斤, 用酒四兩·大茴香三錢·鹽一錢半, 煨至半好, 下脂油二兩, 切小豆塊再煨, 加蒜頭·笋尖, 起時用蔥·椒, 或用秋油, 則不用鹽. 此蘇州唐靜涵家法. 甲魚大則老, 小則腥, 須買其中樣者.

8. 자라조림

자라를 맹물에 넣고 끓이고 나서 뼈를 제거하고 다진다. 닭 육수·추유秋油·술을 넣고 끓인다. 두 그릇의 국물이 한 그릇이 되면 솥에서 꺼낸 다음 파·산초·생강 간 것을 뿌린다. 오죽서吳竹嶼[22]의 집에서 만든 요리가 가장 맛이 있다. 전분을 조금 넣으면 탕이 기름지다.

---

21 靑鹽 : 소금의 일종으로, 중국 남서·북서 지방에서 많이 나며 소금발이 굵고 푸른색을 띤다.

22 오죽서 : '죽서竹嶼'는 오태래吳泰來(1722~1788)의 호이다. 자는 기진企晉이다. 시에 뛰어났고 저서로 《연산당집硯山堂集》 등이 있다.

湯煨甲魚

將甲魚白煮, 去骨拆碎, 用雞湯·秋油·酒煨·湯二碗, 收至一碗, 起鍋, 用蔥·椒·薑末糝之. 吳竹嶼家製之最佳. 微用縴, 才得湯膩.

9. 전각[23] 자라

산동성山東省의 양삼장楊參將[24] 집에서는 자라를 요리할 때 머리와 꼬리를 제거하고 살과 군裙[25]을 취한 다음 양념을 넣고 익힌 뒤에 원래의 등딱지를 덮는다. 잔치에서 손님 한 사람 앞에 작은 접시에 자라 1마리씩 드린다. 보는 사람이 놀라면서 꿈틀거릴까 걱정할 정도이다. 그렇지만 요리법이 전해지지 않는 것이 애석하다.

全殼甲魚

山東楊參將家, 製甲魚去首尾, 取肉及裙, 加作料煨好, 仍以原殼覆之. 每宴客, 一客之前以小盤獻一甲魚. 見者悚然, 猶慮其動. 惜未傳其法.

---

23 전각 : 요리한 다음 온전한 껍질로 요리를 덮은 것을 말한다.

24 양삼장(?~?) : 양씨 성을 가진 '삼장參將'을 이르지만, 어떤 사람인지 자세하지 않다.

25 군 : 자라의 등딱지 가장자리의 부드러운 살을 말한다.

10. 드렁허리탕

드렁허리를 반쯤 익힌 다음 뼈를 제거하고 가늘게 채 썰어 술과 추유秋油를 넣고 익힌 다음 전분을 조금 넣고 원추리·동아·파를 넣어 국을 끓인다. 남경南京의 요리사들은 드렁허리를 요리할 때마다 숯불을 사용하는데 이해할 수 없다.

鱔絲羹

鱔魚煮半熟, 劃絲去骨, 加酒·秋油煨之, 微用緯粉, 用眞金菜·冬瓜·長蔥爲羹. 南京廚者, 輒製鱔爲炭, 殊不可解.

11. 드렁허리볶음

드렁허리를 가늘게 썰어 살짝 바삭하게 볶는다. 돼지고기와 닭고기를 볶는 방법과 같다. 물을 사용해서는 안 된다.

炒鱔

拆鱔絲炒之, 略焦, 如炒肉雞之法, 不可用水.

12. 드렁허리조림

드렁허리를 1촌(3.3cm)으로 토막 내어 장어를 조리는 방법[26]을 참고하여 조리하면 된다. 먼저 기름에 구워 단단하게 하고 나서 다시 동아·신선한 죽순·표고버섯을 배합하고 살짝 맛간장을 넣고 다시 생강즙을 넣는다.

段[27]鱔

切鱔以寸爲段, 照煨鰻法煨之, 或先用油炙, 使堅, 再以冬瓜·鮮笋·香蕈作配, 微用醬水, 重用薑汁.

13. 새우완자

새우완자는 물고기 완자를 만드는 방법[28]을 참고하면 된다. 닭 육수에 끓이거나 볶는 것도 괜찮다. 대개 새우는 너무 곱게 빻아서는 안 된다. 그렇게 하면 참맛을 잃어버린다. 물고기완자도 그렇다. 새우살만 발라내어 김과 버무려도 맛이 있다.

---

26 장어를……방법 : 권3 〈Ⅱ.비늘이 없는 물고기에 대한 항목 2.붉게 조린 장어〉를 말한다.

27 段 : 토막 내어 요리하는 것을 말한다.

28 물고기……방법 : 권3 〈Ⅰ.비늘이 있는 물고기에 대한 항목 7.생선완자〉를 말한다.

蝦圓

蝦圓照魚圓法. 雞湯煨之, 于炒亦可. 大槪捶蝦時, 不宜過細, 恐失眞味.
魚圓亦然. 或竟剝蝦肉, 以紫菜拌之, 亦佳.

14. 새우전병[29]

새우를 빻아 익혀서 완자를 만들어 지지면 새우전병이 된다.

蝦餠

以蝦捶爛, 團而煎之, 卽爲蝦餠.

15. 술 먹인 새우

껍질 채 술을 사용하여 노릇하게 구운 다음 건져내 간장과 쌀식초를
넣고 익힌 다음 사발로 덮어 약한 불로 달인다. 먹을 때 그릇에 담으면
껍질까지 모두 연하다.

---

29 새우전병 : 새우를 껍질을 벗겨서 빻은 다음 녹두가루와 녹말가루 따위를 섞어서 둥
글넓적하게 만들어 기름에 튀기거나 찐 요리를 말한다.

醉蝦

帶殼用酒炙黃撈起, 加淸醬·米醋煨之, 用碗悶之. 臨食放盤中, 其殼
俱酥.

16. 새우볶음

새우볶음은 물고기를 볶는 방법[30]을 참고하고 부추와 배합하면 된다.
간혹 겨울에 절인 쑥갓을 더한다면 부추를 쓰지 않아도 된다. 꼬리를
납작하게 두드려 볶기만 한 것도 새롭고 기이한 맛을 느낄 수 있다.

炒蝦

炒蝦照炒魚法, 可用韭配. 或加冬腌芥菜, 則不可用韭矣. 有捶扁其尾單
炒者, 亦覺新異.

17. 게

게만 먹는 것이 좋다. 다른 식재료를 배합하는 것은 마땅치 않다. 가장

---

30 물고기를……방법 : 권3 〈Ⅱ.비늘이 없는 물고기에 대한 항목 11.드렁허리볶음〉을 말
한다.

좋은 것은 연한 소금물에 넣고 익히고 나서 직접 껍질을 벗기고 먹으면 맛이 묘하다. 찌는 것은 비록 맛을 온전히 할 수는 있지만 너무 싱겁다.

蟹

蟹宜獨食, 不宜搭配他物. 最好以淡鹽湯煮熟, 自剝自食爲妙. 蒸者味雖 全, 而失之太淡.

18. 게살국

게 껍질을 벗기고 국을 끓인다. 원래의 국물을 사용하여 게살을 끓인 다. 닭 육수를 붓지 않고 게를 끓인 국물만 사용해야 맛이 묘하다. 세속 의 요리사를 보면 게살 속에 오리의 혀나 상어지느러미 또는 해삼을 넣 기도 하는데, 게살의 맛을 빼앗을 뿐 아니라 비린내를 야기하기도 하니 매우 졸렬하다.

蟹羹

剝蟹爲羹, 即用原湯煨之, 不加雞汁, 獨用爲妙. 見俗廚從中加鴨舌, 或魚 翅, 或海參者, 徒奪其味, 而惹其腥惡, 劣極矣!

19. 게살볶음

게는 껍질을 벗기자마자 볶는 것이 맛이 있다. 2시진(4시간)이 지나면 살이 마르고 맛이 없어진다.

炒蟹粉

以現剝現炒之蟹爲佳. 過兩個時辰, 則肉乾而味失.

20. 껍질 벗긴 게찜

게 껍질을 벗기고 살과 게의 알을 그대로 껍질에 담는다. 이렇게 5~6마리를 날계란 위에 올려놓고 찐다. 식탁에 올릴 때는 온전한 한 마리의 게이고 다리 끝만 잘라낸다. 게살볶음과 비교하면 새로운 특징이 있다. 양난파楊蘭坡[31]의 명부明府에서 호박 속살과 게를 버무려 요리하니 매우 신기하다.

剝殼蒸蟹

將蟹剝殼, 取肉·取黃, 仍置殼中, 放五六隻在生雞蛋上蒸之. 上桌時完然一蟹, 惟去爪脚. 比炒蟹粉覺有新色. 楊蘭坡明府, 以南瓜肉拌蟹, 頗奇.

---

31 양난파 : 양국림楊國霖이다. 자세한 내용은 p.57 역주 62) 참고.

21. 참조개

참조개의 껍질을 까서 부추를 넣고 볶으면 맛이 있다. 탕을 끓여도 괜찮다. 그러나 솥에서 너무 늦게 꺼내면 질겨진다.

蛤蜊

剝蛤蜊肉, 加韭菜炒之佳. 或爲湯亦可. 起遲便枯.

22. 새꼬막

새꼬막은 세 가지 먹는 방법이 있다. 뜨거운 물을 부어 반쯤 익힌 다음 껍질을 제거하고 술과 추유秋油를 넣고 새꼬막을 술에 담근다. 혹은 닭 육수에 넣고 끓여 껍질을 제거하고 탕에 넣는다. 혹은 껍질을 완전히 제거하고 국을 끓이는 것도 괜찮다. 빨리 솥에서 꺼내야지 늦게 꺼내면 질겨진다. 새꼬막은 봉화현奉化縣[32]에서 생산되는데 품질이 대합과 참조개보다 좋다.

蚶

蚶有三喫法. 用熱水噴之, 半熟去蓋, 加酒·秋油醉之; 或用雞湯滾熟, 去

---

32 봉화현 : 지금의 절강성浙江省 영파시寧波市 봉화구奉化區를 말한다.

蓋入湯; 或全去其蓋, 作羹亦可. 但宜速起, 遲則肉枯. 蚶出奉化縣, 品在
車螯·蛤蜊之上.

23. 대합

먼저 삼겹살을 얇게 썰어 양념을 넣고 익힌다. 대합을 씻고 참기름으
로 볶고 얇게 썬 고기를 국물과 함께 익힌다. 추유秋油를 많이 넣어야
맛이 있다. 두부를 넣어도 괜찮다. 대합을 양주揚州에서 가져올 때 부패
할까 걱정될 경우, 대합의 살을 돼지기름 속에 넣어두면 멀리까지 운반
할 수 있다. 햇볕에 말리는 것도 맛이 있다. 닭 육수에 넣고 익히면 맛이
맛조개보다 낫다. 새우전병처럼 대합을 다져 전병을 만들고, 지져서 먹
을 때 양념을 더하는 것도 맛이 있다.

(蟶)[車]³³螯

先將五花肉切片, 用作料悶爛. 將(蟶)[車]螯洗淨, 麻油炒, 仍將肉片連鹵烹
之. 秋油要重些, 方得有味. 加豆腐亦可. (蟶)[車]螯從揚州來, 慮壞則取殼
中肉, 置猪油中, 可以遠行. 有晒爲乾者, 亦佳. 入雞湯烹之, 味在蟶乾之
上. 捶爛(蟶)[車]螯作餅, 如蝦餅樣, 煎喫加作料亦佳.

---

33 (蟶)[車] : 저본에는 '蟶'로 되어 있으나, 중화서국과 강소봉황문예출판사 정리본에
   의거하여 '車'로 바로잡았다. 아래도 같다.

24. 정택궁程澤弓[34] 집의 말린 맛조개

상인인 정택궁 집에서 만든 말린 맛조개를 냉수에 하루를 담가두었다가 끓는 물에 이틀을 삶고 다섯 번 탕 국물을 바꾼다. 말려서 만든 맛조갯살 1촌(3.3cm)은 물을 부으면 2촌(6.6cm)이 되어 신선한 맛조갯살과 같아진다. 그렇게 되면 비로소 닭 육수에 넣고 익힌다. 양주揚州 사람들이 그 요리법을 배웠지만 모두 맛이 그에는 미치지 못한다.

程澤弓蟶乾

程澤弓商人家製蟶乾, 用冷水泡一日, 滾水煮兩日, 撤湯五次. 一寸之乾, 發開有二寸, 如鮮蟶一般, 才入雞湯煨之. 揚州人學之, 俱不能及.

25. 신선한 맛조개

맛조개를 삶아서 요리하는 방법은 대합을 삶아서 요리하는 방법과 같다. 볶기만 해도 괜찮다. 하춘소何春巢[35]의 집에서 요리한 맛조개탕 두부는 매우 맛이 묘하여, 마침내 뛰어난 요리를 완성하였다.

---

34 정택궁(?~?) : 미상이다.

35 하춘소 : '춘소春巢'는 하승연何承燕(1740?~1799?)의 호이다. 자는 이가以嘉이고 절강성 사람이다.

鮮鱓

烹鱓法與車螯同. 單炒亦可. 何春巢家鱓湯豆腐之妙, 竟成絶品.

26. 개구리

개구리는 몸통을 제거하고 다리만 사용하는데 우선 기름에 볶은 다음 추유秋油·감주·과강瓜薑을 넣고 솥에서 꺼낸다. 혹은 살을 발라 볶으면 맛이 닭고기와 비슷하다.

水雞

水雞去身用腿, 先用油灼之, 加秋油·甜酒·瓜薑起鍋. 或拆肉炒之, 味與雞相似.

27. 훈제계란

계란에 양념을 더히어 익히면서 차츰 훈제가 되면 얇게 썰어 접시에 담아 반찬으로 먹기에 좋다.

熏蛋

將雞蛋加作料煨好, 微微熏乾, 切片放盤中, 可以佐膳.

28. 찻잎계란

계란 100개에 소금 1냥(37.5g)과 거친 찻잎을 넣고 2개의 향이 탈 때 (약 4시간)까지 삶는다. 만약 계란이 50개면 5전(18.75g)의 소금을 사용하니, 소금의 양은 계란의 숫자에 따라 더하거나 줄인다. 딤섬으로 만들어도 괜찮다.

茶葉蛋

雞蛋百個, 用鹽一兩 · 粗茶葉煮兩枝綫香爲度. 如蛋五十個, 只用五錢鹽, 照數加減. 可作點心.

Ⅲ.
여러 가지 소채素菜[36]에 대한 항목

채소에 훈채葷菜[37]와 소채가 있는 것이 옷에 겉옷과 속옷이 있는 것과
마찬가지이다. 부귀한 사람은 소채를 즐기는 것이 훈채를 즐기는 것보
다 심하다. 그래서 '여러가지 소채에 대한 항목'을 짓는다.

雜素菜單

菜有葷素, 猶衣有表裏也. 富貴之人, 嗜素甚于嗜葷. 作〈素菜單〉.

---

36 소채 : 훈채葷菜를 제외한 나머지 일반적인 채소를 말한다.
37 훈채 : 파와 마늘처럼 독특한 냄새가 나는 채소를 말한다.

1. 장시랑蔣侍郞[38] 집의 두부

두부의 양쪽 껍질을 벗기고 1모를 16조각으로 얇게 썰어 햇볕에 말린다. 돼지기름을 끓여 맑은 연기가 피어오르면 두부를 넣고 소금 1줌을 살짝 뿌리고 나서 두부를 뒤집은 뒤 좋은 감주 1찻잔과 대하미大蝦米[39] 120마리를 넣는다. 만약 대하미가 없으면 소하미小蝦米 300마리를 넣는다. 먼저 마른 새우를 1시진[2시간] 끓인 물에 담가두었다가 추유秋油 1작은 잔을 넣고 한 번 끓이고 설탕 한 줌을 넣고 다시 한 번 끓이고 나서 반 촌(1.5cm)길이로 곱게 썬 파 120뿌리를 넣고 천천히 솥에서 꺼낸다.

蔣侍郞豆腐

豆腐兩面去皮, 每塊切成十六片, (亮)[晾][40]乾, 用猪油熬, 清煙起才下豆腐, 略洒鹽花一撮, 翻身後, 用好甜酒一茶杯, 大蝦米一百二十個; 如無大蝦米, 用小蝦米三百個; 先將蝦米滾泡一個時辰, 秋油一小杯, 再滾一回, 加糖一撮, 再滾一回, 用細蔥半寸許長, 一百二十段, 緩緩起鍋.

---

38 장시랑(?~?) : 장씨 성을 가진 '시랑侍郞'을 이르지만, 어떤 사람인지 자세하지 않다.

39 대하미 : 말려서 껍질과 머리를 제거한 큰 새우를 말한다.

40 (亮)[晾] : 저본에는 '亮'으로 되어 있으나, 중화서국과 강소봉황문예출판사 정리본에 의거하여 '晾'으로 바로잡았다.

2. 양중승楊中丞[41] 집의 두부

연한 두부를 끓여서 두부 냄새를 제거하고 닭 육수에 넣는다. 얇게 썬 전복과 함께 몇 각刻[42]을 끓이고 조유糟油[43]·표고버섯을 넣고 솥에서 꺼낸다. 닭 육수는 진해야 하고 전복 조각은 얇아야 한다.

楊中丞豆腐

用嫩豆腐, 煮去豆氣, 入雞湯, 同鰒魚片滾數刻, 加糟油·香蕈起鍋. 雞汁須濃, 魚片要薄.

3. 장개張愷[44] 집의 두부

마른 새우를 빻아서 두부 속에 넣는다. 솥에 기름을 두르고 양념을 넣고 물기 없이 볶는다.

張愷豆腐

將蝦米搗碎, 入豆腐中, 起油鍋, 加作料乾炒.

---

41 양중승(?~?) : 양씨 성을 가진 '중승中丞'을 이르지만, 어떤 사람인지 자세하지 않다.

42 각 : 1각은 15분을 말한다.

43 조유 : 찹쌀로 만든 술에 정향丁香·감초甘草·표고버섯·회향茴香·소금 따위를 넣어 1년쯤 재운 양념을 이르는데, 강소성江蘇省 태창시太倉市의 특산물이다.

44 장개(?~?) : 자는 동고東皐로, 원매의 친구이다.

4. 경원慶元⁴⁵ 두부

두시豆豉⁴⁶ 1찻잔에 물을 붓고 충분히 불리고 나서 두부를 넣고 함께 볶아 솥에서 꺼낸다.

將豆鼓一茶杯, 水泡爛, 入豆腐同炒起鍋.

5. 연꽃두부⁴⁷

순두부를 우물물에 넣고 세 차례 불려서 두부 냄새를 제거하고 닭 육수에 넣어 익힌다. 솥에서 꺼낼 때 김과 새우살을 넣는다.

芙蓉豆腐

用腐腦, 放井水泡三次, 去豆氣, 入雞湯中滾, 起鍋時加紫菜·蝦肉.

---

45 경원 : 절강성浙江省 용천현龍泉縣의 남쪽 현縣을 말한다.

46 두시 : 콩을 발효시켜 만든 양념의 일종이다.

47 연꽃두부 : 요리의 모양이 연꽃 모양인 데서 이르는 말이다.

6. 왕태수王太守[48] 집의 팔보두부[49]

얇게 썬 연두부를 다져서 표고버섯가루·마고蘑菇[50]가루·잣가루·해바라기씨가루·닭고기가루·화퇴火腿가루를 넣은 다음 진한 닭고기 육수에 넣고 함께 볶은 뒤 솥에서 꺼낸다. 순두부를 사용해도 괜찮다. 국자를 사용하고 젓가락을 사용하지 않는다.

태수太守 맹정孟亭은 "이는 성조聖朝이신 강희황제康熙皇帝께서 상서尙書 서건암徐健庵[51]에게 내리신 요리이다. 상서가 요리법을 취할 때 어선방御膳房[52]의 비용 1천 냥을 지급하였다."라고 하였다. 태수의 할아버지 누촌선생樓村先生[53]은 상서 서건암의 제자였기 때문에 그 방법을 얻은 것이다.

王太守八寶豆腐

用嫩片切粉碎, 加香蕈屑·蘑菇屑·松子仁屑·瓜子仁屑·雞屑·火腿屑, 同入濃雞汁中, 炒滾起鍋. 用腐腦亦可. 用瓢不用箸. 孟亭太守云: "此聖祖

---

48 왕태수(?~?) : 왕씨 성을 가진 '태수太守'로서, 여기서는 왕잠여王箴興(1693~1758)를 이른다. 왕잠여의 자는 경의敬倚, 호는 맹정孟亭이다. 원매와 교분이 있었고 저서로 《맹정시문집孟亭詩文集》이 있다.

49 팔보두부 : 두부에 표고가루·버섯가루·잣가루·외씨가루와 익힌 닭고기·돼지고기·쇠고기 등을 넣고 한데 주물러서, 닭 육수를 붓고 간장을 쳐서 볶아서 만든 요리이다.

50 미고 : 표고버섯의 일종으로, '麻姑'라고도 한다.

51 서건암(1631~1694) : 중국 청나라 초의 학자 서건학徐乾學으로, 자는 원일原一, 건암健庵은 호이다. 저서로 《독례통고讀禮通考》가 있다.

52 어선방 : 황제의 식사를 준비하던 주방을 말한다.

53 누촌선생 : '누촌樓村'은 왕무단王式丹(1645~1718)의 호이다. 자는 방약方若이다.

賜徐健庵尙書方也. 尙書取方時, 御膳房費一千兩." 太守之祖樓村先生,
爲尙書門生, 故得之.

7. 정립만程立萬[54] 집의 두부

건륭乾隆 23년(758) 김수문金壽門[55]과 함께 양주揚州 정립만의 집에서
두부지짐을 먹었는데 둘도 없이 맛이 뛰어났다. 두부 양쪽을 물기 없이
노릇하게 구워 양념 간장이 조금도 없었지만 대합과 같은 신선한 맛이
조금 있었다. 그러나 접시에는 대합과 다른 음식이 없었다. 다음날 사선
문査宣門[56]에게 말하였더니, 사선문이 "나도 그 요리를 할 수 있소. 내가
마땅히 초대를 하겠소."라고 하였다.

얼마 후 항근포杭菫浦[57]와 함께 사선문의 집에서 식사를 하게 되었는
데, 젓가락을 들고서 큰 소리로 웃었다. 그것은 순전히 닭과 참새의 뇌
로 만든 것으로 모두 진짜 두부로 만든 것이 아니었고, 참기 어려울 정
도로 기름기가 많기 때문이다. 요리에 드는 비용은 정립만 집의 두부요

---

54 정립만(?~?) : 어떤 사람인지 자세하지 않다.

55 김수문 : '수문壽門'은 김농金農(1687~1764?)의 자이다. 또 다른 자는 사농司農이고
　호는 동심선생冬心先生이다. 양주팔괴揚州八怪의 한 사람으로 그림과 시에 뛰어났
　다. 저서로《김수문유집십종金壽門遺集十種》등이 있다.

56 사선문(?~?) : 사씨 성을 가진 '선문宣門'을 이르지만, 어떤 사람인지 자세하지 않다.

57 항근포(?~?) : '근포菫浦'는 항세준杭世駿(1696~1773?)의 호이다. 또 다른 호는 근포菫
　浦·지광거사智光居士·진정노민秦亭老民·춘수노인春水老人·아준阿駿이며, 실명실名
　은 도고당道古堂이다. 글씨와 그림에 뛰어났다. 저서로《도고당집道古堂集》등이 있다.

리보다 10배나 많지만, 맛은 거기에 미치지 못하였다. 안타깝게도 당시 내가 누이가 죽어 급히 집으로 돌아가느라 미처 정립만에게 요리법을 물어보지 못하였다. 정립만은 다음해에 세상을 떠났으니 지금까지 후회가 된다. 그래서 요리의 이름을 남겨두고 다시 요리법을 찾게 되기를 기다린다.

程立萬豆腐

乾隆廿三年, 同金壽門在揚州程立萬家食煎豆腐, 精絶無雙. 其腐兩面黃乾, 無絲毫鹵汁, 微有(蟳)[車]^{58}螯鮮味. 然盤中竝無車螯及他雜物也. 次日告查宣門, 査曰: "我能之! 我當特請." 已而, 同杭堇浦同食于查家, 則上箸大笑; 乃純是雞·雀腦爲之, 竝非眞豆腐, 肥膩難耐矣. 其費十倍于程, 而味遠不及也. 惜其時余以妹喪急歸, 不及向程求方. 程逾年亡. 至今悔之. 仍存其名, 以俟再訪.

8. 얼린두부

두부를 하룻밤 얼린 다음 모나게 썰어 끓여서 두부의 맛을 제거하고 닭탕즙·화퇴즙·육즙을 넣고 끓인다. 식탁에 올릴 때 닭과 화퇴는 건져내고 다만 표고버섯과 겨울 죽순^{59}만 남겨둔다. 두부를 오래 익히면 구

---

58 (蟳)[車] : 저본에는 '蟳'로 되어 있으나, 중화서국과 강소봉황문예출판사 정리본에 의거하여 '車'로 바로잡았다.

59 겨울 죽순 : 입동 전후로 대나무의 땅 속 줄기 옆에서 튼 싹이 아직 땅 밖으로 나오지

멍이 나서 표면이 벌집처럼 되어 얼린두부와 같은 모양이 된다. 그래서 두부를 볶으면 부드러워지고 끓이면 질겨진다.

우리 집 분사分司 치화致華[60]가 마고버섯을 이용하여 두부를 끓여, 여름이지만 그래도 얼린두부를 만드는 방법대로 요리하니 매우 맛이 있었다. 절대로 훈탕葷湯[61]을 넣어서는 안 된다. 그렇게 하면 깨끗한 맛을 잃어버린다.

凍豆腐

將豆腐凍一夜, 切方塊, 滾去豆味, 加雞湯汁·火腿汁·肉汁煨之. 上桌時, 撤去雞·火腿之類, 單留香蕈·冬筍. 豆腐煨久則鬆, 面起蜂窩, 如凍腐矣. 故炒腐宜嫩, 煨者宜老. 家致華分司, 用蘑菇煮豆腐, 雖夏月, 亦照凍腐之法, 甚佳. 切不可加葷湯, 致失清味.

9. 새우기름두부

간장 대신 묵은 새우기름으로 두부를 볶는다. 양면을 노릇하게 구워야 한다. 기름솥이 데워지면 돼지기름·파·산초를 넣는다.

않은 것을 이르는데, 매우 부드럽다.

60 치화 : 원매의 조카 원치화袁致華(?~?)를 말한다.

61 훈탕 : 고기를 넣고 끓인 탕을 이르고, 채소를 넣고 끓인 탕을 '소탕素湯'이라고 한다.

蝦油豆腐

取陳蝦油, 代淸醬炒豆腐. 須兩面熿黃. 油鍋要熱, 用猪油·蔥·椒.

10. 쑥갓

쑥갓 끝부분을 기름에 볶아 숨이 죽으면 닭 육수에 넣고 끓인다. 꺼낼 때 송이버섯 100개를 넣는다.

蓬蒿菜

取蒿尖, 用油灼瘯, 放雞湯中滾之, 起時加松菌百枚.

11. 고사리

고사리를 아끼지 말고 반드시 줄기와 잎을 다 제거하고 곧은 뿌리만 사용한다. 깨끗이 씻고 뭉근한 물에 충분히 익힌 다음 다시 닭 육수를 넣는다. 반드시 관동(함곡관 동쪽) 지역에서 나는 것을 사야 통통하다.

蕨菜

用蕨菜, 不可愛惜, 須盡去其枝葉, 單取直根, 洗淨煨爛, 再用雞肉湯. 必買關東者才肥.

12. 지이地耳버섯[62]

지이버섯을 자세히 살피고 깨끗이 일어 반쯤 익힌 다음 닭 육수와 화
퇴탕火腿湯을 넣고 뭉근한 불에 익힌다. 식탁에 올릴 때 지이버섯만 보
이고 닭고기와 화퇴는 보이지 않게 잘 섞어야 맛이 있다. 이 요리는 도
방백陶方伯[63]의 집에서 만든 요리가 가장 정묘하다.

葛仙米

將米細檢淘淨, 煮半爛, 用雞湯・火腿湯煨. 臨上時, 要只見米, 不見雞肉・
火腿攙和才佳. 此物陶方伯家, 製之最精.

13. 곰보버섯

곰보버섯은 호북성湖北省에서 생산된다. 먹는 방법은 지이버섯과 동일
하다.

羊肚菜

羊肚菜出湖北. 食法與葛仙米同.

---

62 지이버섯 : 구릉에서 자라며, 색이 옥돌처럼 푸르다. 동진東晉시대 갈홍葛洪이 먹었
　다는 버섯이다.

63 도방백 : 도이陶易(1714~1778)를 말한다. 자는 경초經初이고 호는 회헌悔軒이다. '방
　백方伯'은 청나라 때의 포정사布政使를 말한다.

14. 김

요리하는 방법은 지이버섯과 같다. 여름에는 참기름·식초·추유秋油를 넣고 무치는 것도 맛이 있다.

石髮

製法與葛仙米同. 夏日用麻油·醋·秋油拌之, 亦佳.

15. 진주채[64]

요리하는 방법은 고사리와 같다. 신안강新安江[65] 상류에서 생산된다.

珍珠菜

製法與蕨菜同. 上江新安所出.

---

64 진주채 : 국화과의 식물인데, 나물로 먹을 수 있다. 꽃이 희고 작아 꿰놓은 진주처럼 생겨 붙여진 이름이다.

65 신안강 : 중국 절강성浙江省 서부 전당강錢塘江 중류의 지류이다.

16. 소소아[66]

마를 충분히 삶아 1촌(3.3cm)씩 자르고 두부피로 싼 다음 기름에 지지는데, 추유秋油·술·설탕·과강瓜薑을 넣어 붉은색이 돌 정도면 된다.

素燒鵝

煮爛山藥, 切寸爲段, 腐皮包, 入油煎之, 加秋油·酒·糖·瓜薑, 以色紅爲度.

17. 부추

부추는 훈채葷菜이다. 부추의 흰 부분만 취하여 마른 새우를 넣고 볶으면 맛이 있다. 혹은 마른 새우 대신 신선한 새우나 바지락이나 돼지고기를 사용해도 괜찮다.

韭

韭, 葷物也. 專取韭白, 加蝦米炒之便佳. 或用鮮蝦亦可, 蜆亦可, 肉亦可.

---

66 소소아 : 마[山藥]를 두부에 싸서 구운 것이 거위와 비슷하게 생겨 붙여진 이름이다.

18. 미나리

미나리는 나물이다. 통통할수록 더욱 맛이 묘하다. 흰 뿌리를 볶다가 죽순을 넣고 죽순이 익을 정도로 볶는다. 지금 사람들은 미나리를 넣고 고기를 볶으면서 청탁을 구분하지 않는다. 익지 않은 것은 부드럽기는 하지만 맛이 없다. 생미나리를 꿩과 무치기도 하는데 마땅히 따로 논의해 보아야 한다.

芹

芹, 素物也, 愈肥愈妙. 取白根炒之, 加筍, 以熟爲度. 今人有以炒肉者, 淸濁不倫. 不熟者, 雖脆無味. 或生拌野雞, 又當別論.

19. 콩나물

콩나물은 부드러워 내가 매우 좋아한다. 볶을 때는 반드시 충분히 익혀야 양념의 맛과 어우러질 수 있다. 제비집을 배합할 수 있으니 부드러운 것으로 부드러운 것을 배합하고 흰 것으로 흰 것을 배합하는 것이기 때문이다. 그러나 매우 싼 재료를 매우 귀한 재료에 곁들이면 많은 사람들이 비웃는다. 그렇지만 오직 소부巢父와 허유許由만이 요임금과 순임금을 모실 수 있음을 모르는 것일 뿐이다.[67]

豆芽

豆芽柔脆, 余頗愛之. 炒須熟爛, 作料之味, 才能融洽. 可配燕窩, 以柔配柔, 以白配白故也. 然以極賤而陪極貴, 人多嗤之. 不知惟巢·由正可陪堯·舜耳.

20. 줄풀[68]

줄풀의 흰 부분을 돼지고기나 닭고기와 함께 볶아도 괜찮다. 일정한 길이로 자르고 간장과 식초를 넣고 구우면 더욱 맛이 있다. 돼지고기와 함께 삶아도 맛이 있다. 반드시 1촌(3.3cm) 정도로 얇게 썰어야 한다. 처음 나와 너무 가는 싹은 맛이 없다.

茭

茭白炒肉·炒雞俱可. 切整段, 醬·醋炙之, 尤佳. 煨肉亦佳. 須切片, 以寸爲度, 初出太細者無味.

---

67 오직……뿐이다 : 소부巢父와 허유許由는 요堯 임금 때의 은사隱士이다. 요 임금이 허유에게 왕위를 물려주려 하자 허유는 더러운 말을 들었다며 영수潁水에서 귀를 씻었고, 소부는 소에게 물을 먹이려 왔다가 그 말을 듣고 상류로 올라가 물을 먹였다고 한다.

68 줄풀 : 벼과에 속하는 야생식물로, 펄이 깊은 진흙땅에서 주로 산다.

21. 청경채

부드러운 청경채를 골라 죽순과 함께 볶는다. 여름에 겨잣가루와 무치고 식초를 조금 쳐서 먹으면 입맛을 돋굴 수 있다. 얇게 썬 화퇴를 넣고 탕을 끓일 수 있다. 또한 막 뽑은 것이라야 연하다.

靑菜

靑菜擇嫩者, 笋炒之. 夏日芥末拌, 加微醋, 可以醒胃. 加火腿片, 可以作湯. 亦須現拔者才軟.

22. 유채

유채심을 볶으면 매우 부드럽다. 겉껍질을 벗기고 마고버섯과 햇죽순을 넣고 탕을 끓인다. 새우와 돼지고기를 넣고 볶아 먹어도 맛이 있다.

臺菜

炒臺菜心最懦, 剝去外皮, 入蘑菇·新笋作湯. 炒食加蝦肉, 亦佳.

23. 배추

배추는 볶아 먹거나 죽순을 넣고 익혀도 맛이 있다. 얇게 썬 화퇴火腿 나 닭 육수를 넣고 익혀도 모두 맛이 있다.

白菜

白菜炒食, 或笋煨亦可. 火腿片煨·雞湯煨俱可.

24. 황아채

이 채소는 북방에서 온 것이 맛이 있다. 식초를 넣거나 혹은 마른 새 우를 넣고 뭉근한 불에 익힌다. 익으면 곧바로 먹어야 하는데 늦어지면 색과 맛이 변한다.

黃芽菜

此菜以北方來者爲佳. 或用醋搜, 或加蝦米煨之, 一熟便喫, 遲則色·味 俱變.

25. 표아채[69]

표아채의 심을 볶을 때는 말린 것이든 싱싱한 것이든 국물이 없는 것이 가장 좋다. 눈이 내리고 나면 부드러워진다. 태수太守 왕맹정王孟亭[70]의 집에서 만든 요리가 가장 맛이 있다. 다른 재료를 더하지 않고 동물성 기름만 사용하여야 한다.

瓢兒菜

炒瓢菜心, 以乾鮮無湯爲貴. 雪壓後更軟. 王孟亭太守家, 製之最精. 不加別物, 宜用葷油.

26. 시금치

두툼하고 부드러운 시금치에 맛간장과 두부를 넣고 익힌다. 항주杭州 사람들은 '금양백옥판金鑲白玉板'이라고 부른다. 이러한 종류의 채소는 비록 얇아도 맛은 풍부하여 죽순과 표고버섯을 넣을 필요가 없다.

---

69 표아채 : 배추의 한 종류로, 중국 남경南京 지방에서 나며 '탑과채塌楾菜'라고도 한다.

70 왕맹정 : 왕잠여王篏輿이다. 자세한 내용은 p.202 역주 48) 참고.

波菜

波菜肥嫩, 加醬水·豆腐煮之. 杭人名'金鑲白玉板'是也. 如此種菜, 雖瘦
而肥, 可不必再加笋尖·香蕈.

27. 마고버섯

마고버섯은 탕을 끓이는 데만 그치지 않고 볶아 먹어도 맛이 있다. 다
만 구마口蘑버섯[71]은 모래가 들어 있고 쉽게 곰팡이가 피기 때문에 보관
하는 방법을 알아야 하고 특성에 맞게 요리를 만들어야 한다. 먹물버섯
[雞腿蘑][72]은 손질하기도 쉽고 맛을 내기도 쉽다.

蘑菇

蘑菇不止作湯, 炒食亦佳. 但口蘑最易藏沙, 更易受霉, 須藏之得法, 製之
得宜. 雞腿蘑便易收拾, 亦復討好.

---

71 구마버섯 : 하북성河北省 북부에 있는 장가구張家口 일대에서 생산된다고 하여 '구
　마口蘑'라고 부른다.

72 먹물버섯 : 봄부터 가을까지 풀밭·정원·밭·길가 등에 무리를 지어 자란다. 버섯의
　갓은 지름 3~5cm, 높이 5~10cm이며 원기둥 모양 또는 긴 달걀 모양이다. 성숙한
　주름살은 검은색인데, 버섯갓의 가장자리부터 먹물처럼 녹는다. '모두귀산毛頭鬼傘'
　이라고도 한다.

28. 송이버섯

송이버섯에 구마버섯을 넣고 볶으면 매우 맛이 묘하다. 추유秋油에만 담갔다가 먹는 것도 맛이 묘하지만, 너무 오랫동안 담가두는 것은 적당하지 않다. 다른 각종 요리에 넣으면 모두 산뜻한 맛을 내는 데 도움이 된다. 제비집 요리의 밑에 깔아두면 송이버섯이 부드러워진다.

松菌

松菌加口蘑炒最佳. 或單用秋油泡食, 亦妙, 惟不便久留耳. 置各菜中, 俱能助鮮. 可入燕窩作底墊, 以其嫩也.

29. 면근[73]을 요리하는 두 가지 방법

한 가지 방법은 면근을 기름솥에 넣고 마를 때까지 굽고 나서 닭 육수와 마고버섯을 넣고 맑게 끓인다. 또 다른 한 가지 방법은 굽지 않고 물에 담갔다가 가닥으로 잘라서 진한 닭 육수를 넣고 볶다가 겨울 죽순과 느타리버섯을 넣는다. 관찰사 장회수章淮樹[74]의 집에서 만든 요리가 가장 뛰어나다. 접시에 담을 때 손으로 찢어야지 칼로 썰어서는 안 된

---

73 면근 : 소맥에서 제조되는 단백질의 혼합물인 글루텐을 말한다. 빵의 골격을 이루는 단백질이며, 다른 곡물에서는 글루텐이 형성되지 않는다.

74 장회수 : 장반계章攀桂(1736~1803)의 자이다. 예술적 재능이 뛰어났다.

다. 마른새우를 불린 즙과 단간장을 넣고 볶으면 매우 맛이 있다.

麵筋二法

一法麵筋入油鍋炙枯, 再用雞湯·蘑菇淸煨. 一法不炙, 用水泡, 切條入濃
雞汁炒之, 加冬笋·天花. 章淮樹觀察家, 製之最精. 上盤時宜毛撕, 不宜
光切. 加蝦米泡汁, 甜醬炒之, 甚佳.

30. 가지를 요리하는 두 가지 방법

소곡小谷 오광문吳廣文[75]의 집에서는 가지를 통째로 껍질을 벗기고 물
에 넣어 쓴맛을 제거하고 돼지기름에 구웠다. 구울 때는 불렸던 물이 날
아간 뒤에 단맛간장으로 물기 없이 익히면 매우 맛이 좋다.

노팔태야盧八太爺[76] 집에서는 가지를 작은 덩어리로 썰고 껍질은 벗기
지 않았으며, 기름에 넣고 조금 노릇해질 때까지 볶다가 추유秋油를 넣
고 볶는데 이것도 맛이 있다.

이 두 가지 방법을 배우기는 했지만 오묘함을 다 내지는 못하였다. 오
직 찐 가지를 가르고 마씨기름과 쌀식초를 넣고 무치면 여름에도 먹을
만하다. 익히고 나서 말린 다음 포를 만들어 접시에 담아 두기도 한다.

---

75 소곡 오광문(?~?) : 어떤 사람인지 자세하지 않다.

76 노팔태야(?~?) : 노씨 성을 가진 '팔태야八太爺'를 이르지만, 어떤 사람인지 자세하지
　않다.

茄二法

吳小谷廣文家, 將整茄子削皮, 滾水泡去苦汁, 猪油炙之. 炙時須待泡水
乾後, 用甜醬水乾煨, 甚佳. 盧八太爺家, 切茄作小塊, 不去皮, 入油灼微
黃, 加秋油炮炒, 亦佳. 是二法者, 俱學之而未盡其妙, 惟蒸爛劃開, 用麻
油·米醋拌, 則夏間亦頗可食. 或煨乾作脯, 置盤中.

31. 비름국

비름은 반드시 연한 끝순을 따서 물기 없이 볶고 마른 새우나 새우살
을 넣으면 더욱 맛이 있다. 국물이 있게 해서는 안 된다.

莧羹

莧須細摘嫩尖, 乾炒, 加蝦米或蝦仁, 更佳. 不可見湯.

32. 토란국

토란의 성질은 부드럽고 윤기가 있어 고기나 채소에 넣어 요리해도 모
두 괜찮다. 잘게 썰어서 오리국을 끓이기도 하고 돼지고기를 익히기도
하며 두부와 함께 단맛간장을 넣어 익히기도 한다. 서조황徐兆璜[77] 명부

明府의 집에서 작은 토란을 골라 연한 닭고기에 넣어 국을 끓이니 매우 맛이 묘하였다. 애석하게도 요리법이 전해오지 않는다. 대체로 요리를 만들 때 물을 쓰지 않는다.

芋羹

芋性柔膩, 入葷入素俱可. 或切碎作鴨羹, 或煨肉, 或同豆腐加醬水煨. 徐兆璜明府家, 選小芋子, 入嫩雞煨湯, 妙極! 惜其製法未傳. 大抵只用作料, 不用水.

33. 두부피

두부피를 물에 불려서 부드럽게 한 다음 추유秋油·식초·마른 새우를 넣고 무치면 여름에 먹기 적당하다. 장시랑蔣侍郎[78] 집에서 해삼을 넣고 요리한 것이 매우 맛이 묘하였다. 김과 새우살을 넣고 탕을 끓여도 서로 어울린다. 마고버섯·죽순을 넣고 맑은 탕을 끓여도 맛이 있다. 충분히 익을 정도로 삶는다. 무호蕪湖의 경수敬修[79] 승려가 두부피를 원통 모양으로 말고 잘라서 기름에 넣고 살짝 구운 다음 마고버섯을 넣고 충분히

---

77 서조황(?~?) : 어떤 사람인지 자세하지 않다.

78 장시랑 : 장시랑(?~?) : 장씨 성을 가진 '시랑侍郎'을 이르지만, 어떤 사람인지 자세하지 않다.

79 경수(?~?) : 어떤 사람인지 자세하지 않다.

익힌 것이 매우 맛이 있다. 닭 육수를 넣어서는 안 된다.

豆腐皮

將腐皮泡軟, 加秋油·醋·蝦米拌之, 宜于夏日. 蔣侍郎家入海參用, 頗妙. 加紫菜·蝦肉作湯, 亦相宜. 或用蘑菇·笋煨清湯, 亦佳. 以爛爲度. 蕪湖敬修和尙, 將腐皮捲筒切段, 油中微炙, 入蘑菇煨爛, 極佳. 不可加雞湯.

34. 까치콩

막 딴 까치콩에 돼지고기와 육수를 넣어 볶은 다음 고기를 꺼내고 콩만 남겨둔다. 까치콩만 볶을 때는 기름이 많은 것이 좋다. 까치콩은 연한 것을 귀하게 여긴다. 까치콩의 품질이 좋지 않고 마른 것은 척박한 땅에서 자란 것으로 먹을 수 없다.

扁豆

取現採扁豆, 用肉·湯炒之, 去肉存豆. 單炒者, 油重爲佳. 以肥軟爲貴. 毛糙而瘦薄者, 瘠土所生, 不可食.

35. 박과 오이

초어를 토막 낸 다음 먼저 볶다가 박과 간장을 넣고 함께 익힌다. 오이
도 그렇게 한다.

瓠子·王瓜

將鰱魚切片先炒, 加瓠子, 同醬汁煨. 王瓜亦然.

36. 목이버섯과 표고버섯조림

양주揚州 정혜암定慧庵의 승려가 만든 요리는 목이버섯을 2푼(60mm)
두께로 썰어 익히고 표고버섯을 3푼(1cm) 두께로 썰어 익힌다. 먼저 마
고버섯 삶은 즙으로 양념장을 만든다.

煨木耳·香蕈

(楊)[揚][80]州定慧庵僧, 能將木耳煨二分厚, 香蕈煨三分厚. 先取蘑菇熬汁
爲鹵.

---

80 (楊)[揚] : 저본에는 '楊'으로 되어 있으나, 중화서국과 강소봉황문예출판사 정리본에
의거하여 '揚'으로 바로잡았다.

37. 동아[81]

동아는 요리 재료로 매우 많이 쓰인다. 제비집·물고기·장어·드렁허리·화퇴와 무쳐도 괜찮다. 양주揚州 정혜암定慧庵에서 만든 것이 매우 맛이 있었다. 붉은색은 혈박血珀[82]과 같고 고깃국에는 쓰지 않는다.

冬瓜

冬瓜之用最多. 拌燕窩·魚肉·鰻·鱔·火腿皆可. 揚州定慧庵所製尤佳. 紅如血珀, 不用葷湯.

38. 신선한 마름조림

신선한 마름조림은 닭 육수로 끓인다. 식탁에 올릴 때 탕의 반을 덜어낸다. 못에서 막 캔 것이라야 신선하고 물 위에 뜬 것이라야 부드럽다. 햇밤과 은행을 넣고 충분히 익히면 더욱 맛이 있다. 설탕을 넣는 것도 괜찮다. 딤섬으로 만들어도 괜찮다.

煨鮮菱

煨鮮菱, 以雞湯滾之. 上時將湯撤去一半. 池中現起者才鮮, 浮水面者才

---

81 동아 : 박과의 한해살이 덩굴식물이다.
82 혈박 : 짙은 붉은 빛이 나는 호박琥珀을 말한다.

嫩. 加新栗·白果煨爛, 尤佳. 或用糖亦可. 作點心亦可.

39. 동부콩[83]

동부콩은 돼지고기와 함께 볶는다. 식탁에 올릴 때 돼지고기를 건져내고 동부콩만 남겨둔다. 매우 부드러운 것만 쓰고 질긴 심지는 제거한다.

(缸)[豇][84]豆

(缸)[豇]豆炒肉, 臨上時, 去肉存豆. 以極嫩者, 抽去其筋.

40. 세 가지 죽순탕

천목순天目笋[85]·겨울 죽순·문정순問政笋[86]을 닭 육수에 넣고 끓인 탕

---

83 동부콩 : 한해살이 콩과식물로, 콩의 일종이다.

84 (缸)[豇] : 저본에는 '缸'으로 되어 있으나, 중화서국과 강소봉황문예출판사 정리본에 의거하여 '豇'으로 바로잡았다. 아래도 같다.

85 천목순 : 죽순의 이름으로, 항주杭州 천목산天目山에서 나기 때문에 붙여진 이름이다.

86 문정순 : 죽순의 이름으로, 안휘성安徽省 문정현問政縣에서 나기 때문에 붙여진 이름이다.

이니, '삼순탕[三笋羹]'이라고 부른다.

煨三笋

將天目笋·冬笋·問政笋, 煨入雞湯, 號'三笋羹'.

41. 토란 배추조림

토란을 충분히 익힌 다음 배추심을 넣고 삶다가 맛간장을 넣어 간을 맞춘다. 가정식 요리 가운데 가장 맛이 있다. 배추는 반드시 통통하고 부드러운 것을 새로 딴다. 색이 푸르면 질기고, 따 놓은지 오래되면 시들어 뻣뻣하다.

芋煨白菜

芋煨極爛, 入白菜心, 烹之, 加醬水調和, 家常菜之最佳者. 惟白菜須新摘肥嫩者, 色靑則老, 摘久則枯.

42. 풋콩

풋콩은 8~9월 사이에 늦게 수확을 한 것으로, 크기가 가장 크고 부드러운 것을 '향주두香珠豆'라고 한다. 이를 삶아서 추유秋油와 술에 담근다. 껍질을 벗기고 요리해도 괜찮고 껍질 채로 요리해도 괜찮다. 향긋하고 부드러워 좋아할 만하고, 한번 맛보면 일반 콩은 먹을 수 없다.

香珠豆

毛豆至八九月間晚收者, 最闊大而嫩, 號'香珠豆'. 煮熟以秋油·酒泡之. 出殼可, 帶殼亦可, 香軟可愛. 尋常之豆, 不可食也.

43. 마란[87]

마란두馬蘭頭는 부드러운 것을 따서 죽순을 넣고 식초를 뿌려 무쳐서 먹는다. 기름진 음식을 먹고 나서 먹으면 입맛을 돋울 수 있다.

馬蘭

馬蘭頭菜, 摘取嫩者, 醋合笋拌食. 油膩後食之, 可以醒脾.

---

87 마란 : 감국甘菊을 이르며, '마란두馬蘭頭'·'계아장鷄兒腸'이라고도 한다.

44. 버들개지

남경南京에는 3월에 버들개지가 나는데 시금치처럼 부드럽다. 이름이 매우 우아하다.

楊花菜

南京三月有楊花菜, 柔脆與波菜相似, 名甚雅.

45. 채썬 문정순

문정순은 항주순杭州笋이다. 휘주徽州 사람들이 보내는 것들은 대부분 간을 하지 않고 말린 죽순이다. 다만 물에 담가 익힌 다음 가늘게 썰어 닭고기탕에 넣어 익혀서 먹는다. 공사마龔司馬[88]가 추유秋油를 넣고 죽순을 삶고 불에 말린 다음 식탁에 올리니 휘주 사람들이 이를 먹고는 특이한 맛이라고 놀랐다. 나는 그들이 마치 꿈에서 깨어난 것 같아서 우스웠다.

問政笋絲

問政笋, 卽杭州笋也. 徽州人送者, 多是淡笋乾, 只好泡爛切絲, 用雞肉湯

---

88 공사마 : 원매의 제자 공여장龔如璋(?~?)을 말한다. 자는 오생梧生이고, 호는 운약雲若이다.

煨用. 龔司馬取秋油煮笋, 烘乾上桌, 徽人食之, 驚爲異味. 余笑其如夢之
方醒也.

46. 닭 다리 마고버섯볶음

무호蕪湖의 대암大庵[89] 승려가 닭 다리를 깨끗이 씻고 마고버섯에 모
래를 제거한 후 추유秋油와 술을 넣고 볶아 접시에 담아 손님을 대접하
였는데 매우 맛이 있었다.

炒雞腿蘑菇

蕪湖大庵和尙, 洗淨雞腿, 蘑菇去沙, 加秋油·酒炒熟, 盛盤宴客, 甚佳.

47. 돼지기름 무볶음

숙성된 돼지기름으로 무를 볶다가 마른 새우를 넣고 완전히 익을 정
도까지 볶는다. 꺼낼 때 잘게 썬 파를 넣으면 옥과 같은 색깔이 난다.

---

89 대암(?~?) : 어떤 사람인지 자세하지 않다.

猪油煮蘿蔔

用熟猪油炒蘿蔔, 加蝦米煨之, 以極熟爲度. 臨起加蔥花, 色如玉.

IV.
반찬에 대한 항목

반찬은 밥을 돕는데, 이는 마치 부사府史와 서도胥徒[90]가 육관六官을 돕는 것과 같다. 입맛을 돋우거나 입 안에 남은 음식찌끼를 없애는 것이 오로지 반찬에 달려 있다. 그래서 '반찬에 대한 항목'을 짓는다.

小菜單

小菜佐食, 如府史胥徒佐六官也. 醒脾解濁, 全在于斯. 作〈小菜單〉.

---

90 부사와 서도 : '부사府史'는 재물과 문서를 관리하는 낮은 관리를 이르고, '서도胥徒'는 관부의 하인을 두루 이르는 말이다.

1. 죽순포

죽순포가 나는 곳은 매우 많은데 그중에서도 우리 집 수원隨園에서 구워낸 것이 가장 맛이 있다. 신선한 죽순에 소금을 넣고 삶아 익힌 다음 바구니에 담아 불에 쬐어 말린다. 반드시 밤낮으로 둘러보아야 하니, 점점 불이 약해지면 쉰내가 난다. 간장을 넣은 죽순은 색깔이 조금 검어진다. 봄 죽순과 겨울 죽순 모두 죽순포를 만들 수 있다.

笋脯

笋脯出處最多, 以家園所烘爲第一. 取鮮笋加鹽煮熟, 上籃烘之. 須晝夜環看, 稍火不旺則溲矣. 用淸醬者, 色微黑. 春笋·冬笋, 皆可爲之.

2. 천목순[91]

천목순은 소주蘇州에서 많이 파는데, 광주리 맨 위에 놓아둔 것이 가장 맛이 있다. 위에서 2촌(6.6cm) 정도 아래에는 질긴 죽순을 섞어서 넣어 둔다. 반드시 더 돈을 내더라도 광주리 맨 위에 있는 것만 수십 개를 구입해야 하니, 여우 겨드랑이털을 모아 갖옷을 만든다[集狐成腋][92]는

---

91 천목순 : 죽순의 이름으로, 항주杭州 천목산天目山에서 나기 때문에 붙여진 이름이다.

92 여우⋯⋯만든다 : '집액성구集腋成裘'와 같은 말로, 적은 것을 모아 중요한 한 가지 일

뜻과 같다.

天目笋

天目笋多在蘇州發賣. 其籭中蓋面者最佳, 下二寸便攙入老根硬節矣. 須
出重價, 專買其蓋面者數十條, 如集狐成腋之義.

3. 옥란편[93]

겨울 죽순을 구워서 얇게 썰고 꿀을 조금 더한다. 소주蘇州의 손춘양
孫春楊[94] 집에 짠 것과 단 것 2종류가 있는데 짠 것이 맛이 있었다.

以冬笋烘片, 微加蜜焉. 蘇州孫春楊家有鹽·甜二種, 以鹽者爲佳.

을 이룸을 비유하여 이르는 말이다.

93 옥란편 : 겨울 죽순으로 만든 죽순포를 말한다. 빛깔이 옥련화玉蘭花(백목련)와 비슷
하여 붙여진 이름이다.

94 손춘양(?~?) : 어떤 사람인지 자세하지 않다.

4. 소화퇴

처주處州[95]의 죽순포를 '소화퇴'라고 하는데, 이것이 처편處片[96]이다. 오래 놓아두면 매우 딱딱해지니 죽순대의 순을 사서 자신이 맛있게 굽는 것만 못하다.

素火腿

處州笋脯, 號'素火腿', 卽處片也. 久之太硬, 不如買毛笋自烘之爲妙.

5. 선성[97] 죽순포

선성에서 생산되는 죽순은 색깔이 검고 통통하여 천목순天目笋과 비슷하면서 매우 맛이 있다.

宣城笋脯

宣城笋尖, 色黑而肥, 與天目笋大同小異, 極佳.

---

95 처주 : 수대隋代에 둔 주州로, 절강성浙江省 여수시麗水市의 남동쪽에 있었다.

96 처편 : 처주處州에서 생산하는 삶아서 납작하게 말린 죽순이다.

97 선성 : 진대晉代에 안휘성安徽省에 둔 군郡으로, 뒤에 '선주宣州'라고 하였다.

6. 인삼죽순

죽순을 인삼처럼 가늘게 썰어 꿀을 조금 넣는다. 양주揚州 사람들이 귀하게 여기기 때문에 값이 비싸다.

人參笋

製細笋如人參形, 微加蜜水. 揚州人重之, 故价頗貴.

7. 죽순기름

죽순 10근(6kg)을 하루 밤낮으로 찐 다음 죽순의 마디에 구멍을 뚫어 판 위에 펼쳐 놓는다. 두부를 만드는 방법과 같이 위에 판 하나를 더해 눌러서 즙이 흘러나오게 한 다음, 이 즙에 볶은 소금 1냥(37.5g)을 넣으면 죽순기름이 된다. 짜고 남은 죽순을 햇볕에 말려 포로 만들 수 있다. 천태天台의 승려가 이를 만들어서 보내왔다.

笋油

笋十斤, 蒸一日一夜, 穿通其節, 鋪板上, 如作豆腐法, 上加一板壓而笮之, 使汁水流出, 加炒鹽一兩, 便是笋油. 其笋晒乾仍可作脯. 天台僧製以送人.

8. 술지게미기름[98]

술지게미기름은 태창주太倉州[99]에서 생산되는데 묵을수록 맛이 있다.

糟油

糟油出太倉州, 愈陳愈佳.

9. 새우알기름

몇 근의 새우알을 사서 추유秋油와 함께 솥에 넣고 삶은 다음 꺼내 천
에 싸서 추유를 짜낸다. 새우알을 천에 싸서 기름이 담긴 항아리 안에
함께 담가 둔다.

買蝦子數斤, 同秋油入鍋熬之, 起鍋用布瀝出秋油, 乃將布包蝦子, 同放
罐中盛油.

---

98 술지게미기름 : 찹쌀로 만든 술에 정향丁香·감초·표고·회향茴香·소금 따위를 넣어
   1년쯤 재운 양념을 말한다.

99 태창주 : 강소성江蘇省 최남부에 있는 곳으로 소주부蘇州府에 속한다.

10. 나호장[100]

산초열매를 찧어 단된장과 섞어서 찐 다음 마른 새우를 가루 내어 넣어도 된다.

喇虎醬

秦椒搗爛, 和甜醬蒸之, 可屑蝦米攙入.

11. 훈제물고기알

훈제물고기알은 색깔이 호박 같고 기름이 많은 것을 귀하게 여긴다. 소주蘇州 손춘양孫春楊[101]의 집에서 만드는데 신선할수록 맛이 묘하다. 오래 묵으면 맛이 변하고 기름이 마른다.

熏魚子

熏魚子色如琥珀, 以油重爲貴. 出蘇州孫春楊家, 愈新愈妙, 陳則味變而油枯.

---

100 나호장 : '나호喇虎'는 '흉악하다'는 뜻으로, 장이 매우 매운 것을 빗대어 이르는 말이다.

101 손춘양(?~?) : 어떤 사람인지 자세하지 않다.

12. 배추와 황아채절임

배추와 황아채절임은 담백하면 맛이 산뜻하고 짜면 맛이 좋지 않다. 그러나 오래 두고 먹으려면 짜게 하지 않으면 안 된다. 보통 큰 단지에 담가 삼복 때 여는데, 윗부분의 반은 냄새가 나고 물렀지만 아랫부분의 반은 향기가 몹시 좋고 색깔이 매우 백옥 같았다. 선비를 볼 때는 겉모습만 보아서는 안 된다.

醃冬菜·黃芽菜

醃冬菜·黃芽菜, 淡則味鮮, 鹹則味惡. 然欲久放, 則非鹽不可. 常醃一大罈, 三伏時開之, 上半截雖臭·爛, 而下半截香美異常, 色白如玉, 甚矣! 相士之不可但觀皮毛也.

13. 상추

상추를 먹는 두 가지 방법이 있다. 햇장을 가미한 상추는 아삭하고 부드러워 즐길만하고, 절여서 말려놓은 상추는 얇게 썰어 먹어도 매우 싱싱하다. 그러나 반드시 담백한 맛을 귀하게 여긴다. 짜면 맛이 좋지 않다.

萵苣

食萵苣有二法: 新醬者, 鬆脆可愛; 或醃之爲脯, 切片食甚鮮. 然必以淡爲貴, 鹹則味惡矣.

14. 향건채

춘개春芥[102]의 심지를 바람에 말린 다음 줄기를 취하여 담백하게 절이고 나서 햇볕에 말린다. 술·설탕·추유秋油를 넣고 무친 다음 다시 쪄서 바람에 말린 뒤 병에 담는다.

香乾菜

春芥心風乾, 取梗淡醃, 晒乾, 加酒·加糖·加秋油, 拌後再加蒸之, 風乾入瓶.

15. 동개[103]

동개의 또 다른 이름은 '설리홍雪裏紅'이다. 한 가지 방법은 통째로 절이는 것인데, 담백하게 절이는 것이 맛이 있다. 또 다른 방법으로는 심지를 취하여 바람에 말려 잘게 썰어 병에 담아서 절인다. 익은 다음에는 각종 생선국에 넣으면 맛이 매우 신선하다. 동개에 식초를 발라 솥에 넣고 날채辣菜[104] 요리를 해도 괜찮다. 그것으로 장어나 붕어를 끓이면

---

102 춘개 : 겨자[芥菜]의 다른 이름으로, 배추과에 속하는 식물로 배추와 비슷하며 '신채辛菜'라고도 한다.

103 동개 : 겨울 겨자의 다른 이름으로, '설리홍雪裏蕻'·'설채雪菜'·'춘불노春不老'라고 한다.

104 날채 : 갓 뿌리와 무를 삶아서 만든 요리를 말한다.

매우 맛이 있다.

冬芥

冬芥名雪裏紅. 一法整醃, 以淡爲佳; 一法取心風乾·斬碎, 醃入瓶中, 熟後雜魚羹中, 極鮮. 或用醋(慰)[熨][105], 入鍋中作(辨)[辣][106]菜亦可, 煮鰻·煮鯽魚最佳.

16. 춘개[107]

춘개의 심지를 바람에 말려 잘게 썰어 절이고 익힌 다음 병에 담는다. 이를 '나채挪菜'라고 한다.

春芥

取芥心風乾·斬碎, 醃熟入瓶, 號稱'挪菜'.

---

105 (慰)[熨] : 저본에는 '慰'로 되어 있으나, 청淸 건륭임자乾隆壬子 소창산방장판본小倉山房藏版本과 수원상판본隨園藏版本에 의서하어 '熨'로 바로잡있다.

106 (辨)[辣] : 저본에는 '辨'으로 되어 있으나, 청淸 건륭임자乾隆壬子 소창산방장판본小倉山房藏版本과 수원장판본隨園藏版本에는 '辢'로 되어 있다. 辢은 辣의 이체자이므로 '辣'로 바로잡았다.

107 춘개 : 봄 겨자의 다른 이름이다.

17. 겨자뿌리

겨자의 뿌리를 얇게 썰어 겨자와 함께 넣어 절인 다음 먹으면 매우 아삭거린다. 통째 절여서 햇볕에 말려 포를 만들어 먹으면 맛이 더욱 오묘하다.

芥頭

芥根切片, 入菜同醃, 食之甚脆. 或整醃, 晒乾作脯, 食之尤妙.

18. 지마채

절인 겨자를 햇볕에 말려 잘게 썬 다음 쪄서 먹는 것을 '지마채芝麻菜'라고 한다. 노인들이 먹기 적당하다.

芝麻菜

腌芥晒乾, 斬之碎極, 蒸而食之, 號'芝麻菜'. 老人所宜.

19. 마른 두부채

좋은 두부를 말려서 가늘게 채를 썬 다음 새우알과 추유秋油를 넣고 무친다.

腐乾絲

將好腐乾切絲極細, 以蝦子·秋油拌之.

20. 풍별채

동채冬菜의 심지를 바람에 말려 절였다가 소금기 있는 국물을 짜낸
다음 작은 병에 담고 입구를 진흙으로 발라 밀봉한 후 재 위에 거꾸로
둔다. 여름에 먹을 때는 색깔이 노랗고 냄새도 향기롭다.

風癟菜

將冬菜取心風乾, 醃後笮出鹵, 小瓶裝之, 泥封其口, 倒放灰上. 夏食之,
其色黃, 其臭香.

21. 조채

절인 풍별채風癟菜를 채소잎으로 싼다. 작게 싼 쌈의 한쪽에 지게미를
발라 항아리 속에 켜켜이 담는다. 먹을 때 쌈을 펴서 먹는데 채소가 지

게미에 젓지 않아도 지게미 맛이 난다.

糟菜

取醃過風癟菜, 以菜葉包之, 每一小包, 鋪一面香糟, 重疊放罈內. 取食
時, 開包食之, 糟不沾菜, 而菜得糟味.

22. 산채

동채冬菜 심지를 바람에 말리고 나서 살짝 절인 다음 설탕·식초·겨자
가루를 넣고 소금 간을 하고 항아리에 담는다. 추유秋油를 조금 넣어도
괜찮다. 연회에서 술에 취한 끝에 먹으면 술맛도 돋우고 술도 깬다.

醃菜

冬菜心風乾微醃, 加糖·醋·芥末, 帶鹵入罐中, 微加秋油亦可. 席間醉飽
之餘, 食之醒脾解酒.

23. 유채심

봄에 유채심을 절이고 나서 소금기 있는 국물을 짜낸 다음 작은 병에

담았다가 여름에 먹는다. 유채꽃을 바람에 말린 것을 '채화두菜花頭'라고 하는데 돼지고기를 삶을 때 쓸 수 있다.

臺菜心

取春日臺菜心醃之, 笁出其鹵, 裝小甁之中. 夏日食之. 風乾其花, 卽名菜花頭, 可以烹肉.

24. 무청

무청은 남경南京의 승은사承恩寺[108]에서 생산되는데 오래될수록 맛이 있다. 훈채葷菜에 넣으면 매우 산뜻한 맛이 난다.

大頭菜

大頭菜出南京承恩寺, 愈陳愈佳. 入葷菜中, 最能發鮮.

25. 무

크고 통통한 무를 골라 1~2일 정도를 장에 담가두었다가 먹으면 달고

---

108 승은사 : 강소성江蘇省 남경시南京市에 있는 사찰의 이름이다.

아삭거려 맛이 있다. 후씨侯氏 성을 가진 여승女僧이 물고기 모양으로 포를 만들기도 하고 지지고 얇게 썰어 나비 모양으로 만들기도 한다. 1장 (3.3cm) 길이로 끊어지지 않고 이어지도록 한 것은 또 기이하다. 승은사에서 파는 것은 식초를 넣어 만든 것으로 오래된 것이 맛이 묘하다.

蘿蔔

蘿蔔取肥大者, 醬一二日卽喫, 甜脆可愛. 有侯尼能制爲鮺, 煎片如蝴蝶, 長至丈許, 連翩不斷, 亦一奇也. 承恩寺有賣者, 用醋爲之, 以陳爲妙.

26. 유부

유부는 소주蘇州의 온장군溫將軍 사당[109] 앞에서 만든 것이 맛있는데 색깔이 검고 맛이 신선하다. 마른 것과 물기가 있는 것 두 종류가 있는데 새우알유부도 신선하지만 약간 역겨운 비린내가 난다. 광서廣西의 백유부白乳腐가 가장 맛이 있다. 왕고관王庫官[110] 집에서 만든 것도 맛이 묘하다.

---

109 소주의……사당 : 지금의 소주蘇州 통화방通和坊에 있는 도교의 수호법신守護法身인 온경(?~?)의 도관道觀을 말한다.

110 왕고관(?~?) : 왕씨 성을 가진 '고관庫官'을 이르지만 자세하지 않다. '고관'은 창고를 관리하는 낮은 벼슬자리이다.

乳腐

乳腐, 以蘇州溫將軍廟前者爲佳, 黑色而味鮮. 有乾·濕二種, 有蝦子腐亦
鮮, 微嫌腥耳. 廣西白乳腐最佳. 王庫官家製亦妙.

27. 장에 볶은 세 종류의 견과류

호두와 살구는 겉껍질을 벗겨야 되지만, 개암은 껍질을 벗길 필요가
없다. 먼저 기름에 바싹하게 볶고 나서 간장을 넣고 다시 볶는데 너무
태워서는 안 된다. 간장의 분량은 재료의 양을 살펴서 정한다.

醬炒三果

核桃·杏仁去皮, 榛子不必去皮. 先用油炮脆, 再下醬, 不可太焦. 醬之多
少, 亦須相物而行.

28. 간장에 절인 우뭇가사리

우뭇가사리를 깨끗이 씻고 장에 담갔다가 먹을 때 다시 씻는다. 일
명 '기린채麒麟菜'라고 한다.

醬石花

將石花洗淨入醬中, 臨喫時再洗. 一名麒麟菜.

29. 우뭇가사리묵

우뭇가사리를 끓여서 묵을 만들고 칼로 잘라 먹는데 밀랍 색깔이다.

石花糕

將石花熬爛作膏, 仍用刀劃開, 色如蜜蠟.

30. 송이버섯

맑은 간장을 송이버섯과 함께 솥에 넣어 끓이고 나서 건져내어 참기름을 넣고 항아리에 담는다. 이틀을 먹을 수 있는데 오래 두면 맛이 변한다.

小松菌

將淸醬同松菌入鍋滾熱, 收起, 加麻油入罐中. 可食二日, 久則味變.

31. 고둥

고둥은 흥화興化와 태흥泰興[111]에서 난다. 막 태어나 매우 부드러운 것을 감주에 담갔다가 설탕을 넣으면 스스로 기름을 토해낸다. '진흙고둥[泥螺]'이라고도 부르는데, 진흙이 없는 것이 맛이 있다.

吐鐵

吐鐵出興化·泰興. 有生成極嫩者, 用酒釀浸之, 加糖則自吐其油, 名爲泥螺, 以無泥爲佳.

32. 해파리

부드러운 해파리를 감주에 담가두면 풍미가 있다. 해파리의 겉에 빛이 나는 것을 '백피白皮'라고 부르는데 가늘게 채 썰어 술과 식초를 넣고 함께 무친다.

海蜇

用嫩海蜇, 甜酒浸之, 頗有風味. 其光者名爲白皮, 作絲, 酒·醋同拌.

---

111 흥화와 태흥 : 모두 강소성江蘇省에 있는 지역이다.

33. 어린 숭어

어린 숭어는 소주蘇州에서 난다. 어린 숭어는 나면서부터 알이 있다. 살아 있을 때 삶아서 먹으면 말린 것보다 비교적 맛이 있다.

蝦子魚

蝦子魚出蘇州. 小魚生而有子. 生時烹食之, 較美于鯗.

34. 장에 절인 생강

부드러운 생강을 살짝 절인 다음 먼저 질이 좋지 않은 간장을 끼얹었고 [套][112], 다시 질 좋은 간장을 끼얹는다. 모두 3차례 끼얹어야 비로소 완성이 된다. 옛날 방법 가운데 매미 허물 한 개를 간장에 넣어두면 생강이 오랫동안 질겨지지 않는다.

醬薑

生薑取嫩者微醃, 先用粗醬套之, 再用細醬套之, 凡三套而味成. 古法用蟬退一個入醬, 則薑久而不老.

---

112 끼얹고 : 생강을 절이는 방법의 하나로, 생강 위에 간장을 끼얹어 절인다.

35. 간장에 절인 오이[113]

오이를 절이고 나서 바람에 말렸다가 간장에 넣는데 '장에 절인 생강'
과 만드는 방법이 같다. 달게 만드는 것은 어렵지 않지만 아삭거리게 만
드는 것이 어렵다. 항주杭州의 시노잠施魯箴[114] 집에서 만드는 것이 가장
맛이 있다. 들으니, 간장에 절이고 나서 햇볕에 말리고 또 간장에 절이기
때문에 껍질이 얇아지고 쪼그라들어 입에 넣으면 아삭거린다고 한다.

醬瓜

將瓜醃後, 風乾入醬, 如醬薑之法. 不難其甜, 而難其脆. 杭州施魯箴家,
製之最佳. 據云: 醬後晒乾又醬, 故皮薄而皺, 上口脆.

36. 햇누에콩볶음

부드러운 햇누에콩에 절인 겨자를 넣고 볶으면 매우 맛이 묘하다. 콩
을 따자마자 먹으면 맛있다.

新蠶豆

新蠶豆之嫩者, 以醃芥菜炒之, 甚妙. 隨采隨食方佳.

---

113 오이 : 여기서 말하는 오이는 참외의 변종인 길지 않은 둥근 모양의 '월남오이[越瓜]'
　　를 말한다.

114 시노잠(?~?) : 누구인지 자세하지 않다.

37. 절인 계란

절인 계란은 고우高郵[115]에서 나는 것이 맛이 있는데 색깔이 붉고 기름이 많다. 고문서高文瑞[116] 공이 가장 좋아한다. 연회 자리에서도 먼저 젓가락으로 가져다 손님에게 권한다. 접시에 놓고 껍질째 반으로 잘라 노른자와 흰자를 함께 먹는다. 노른자만 두고 흰자를 버리면 온전한 맛이 나지 않게 하는 것일 뿐만 아니라 기름진 맛도 달아나게 하는 것이다.

醃蛋

醃蛋以高郵爲佳, 顔色紅而油多. 高文瑞公最喜食之. 席間先夾取以敬客. 放盤中, 總宜切開帶殼, 黃·白兼用; 不可存黃去白, 使味不全, 油亦走散.

38. 계란흰자찜

계란의 겉껍질을 살짝 두드려 작은 구멍 한 개를 뚫고 흰자와 노른자를 꺼낸 다음 노른자를 버리고 흰자만 사용한다. 끓는 진한 닭 육수를 넣고 젓가락으로 한참을 저어 하나로 뒤섞이도록 해서 그것을 빈 계란 껍질에 넣는다. 구멍이 있는 윗부분을 종이로 막고 밥솥에 넣어 찌고 걸

---

115 고우 : 지금의 강소성江蘇省에 속한 지역의 이름이다.

116 고문서 : 고진高晉(1707~1779)을 말한다. '문서文瑞'는 그의 시호이다. 자는 소덕昭德이고 예부상서禮部尙書 등을 지냈다.

껍질을 떼어내면 완전한 하나의 계란의 모습이 된다. 이 맛은 매우 맛이
있다.

混套

將雞蛋外殼, 微敲一小洞, 將清·黃倒出, 去黃用清, 加濃雞鹵煨就者拌入,
用箸打良久, 使之融化, 仍裝入蛋殼中, 上用紙封好, 飯鍋蒸熟, 剝去外殼,
仍渾然一雞卵, 此味極鮮.

39. 줄풀포

줄풀을 간장에 넣었다가 꺼내 바람에 말린 다음 얇게 썰어 포를 만들
면 맛이 죽순포와 비슷하다.

茭瓜脯

茭瓜入醬, 取起風乾, 切片成脯, 與笋脯相似.

40. 우수의 건두부

건두부는 우수산牛首山[117]의 승려가 만든 것이 맛이 있다. 그러나 산

아래에서 이것을 파는 집이 7곳이 있는데, 오직 효당화상曉堂和尙[118] 집에서 만든 것이 맛이 묘하다.

牛首腐乾

豆腐乾以牛首僧製者爲佳. 但山下賣此物者有七家, 惟曉堂和尙家所製方妙.

41. 간장에 절인 오이[119]

막 난 오이 가운데 가는 것을 골라 간장에 넣어 절이면 아삭거리고 맛이 신선하다.

醬王瓜

王瓜初生時, 擇細者醃之入醬, 脆而鮮.

---

117 우수산 : 지금의 강소성江蘇省 남경南京의 서남쪽에 있는 산 이름이다.

118 효당화상(?~?) : 어떤 사람인지 자세하지 않다. '화상'은 승려를 높여 이르는 말이다.

119 오이 : 여기서 말하는 오이는 일반적인 오이인 '황과黃瓜'를 말한다.

권 4

• 딤섬에 대한 항목

I.
딤섬[1]에 대한 항목

양나라 소명태자昭明太子[2]는 딤섬을 소식(간단한 요기나 간식)으로 하였
고[3] 정참鄭傪[4]의 형수가 시동생에게 '우선은 조금만 드세요.'[5]라고 권하
였으니, 딤섬이라는 명칭의 유래가 오래되었다. 그래서 '딤섬에 대한 항
목'을 짓는다.

點心單

梁昭明以點心爲小食, 鄭傪嫂勸叔'且點心', 由來舊矣. 作〈點心單〉.

---

1 딤섬 : 여기서 말하는 '딤섬[點心]'은 아침과 저녁 사이에 먹는 '중식中食'이 아닌 떡과
  과자 등의 총칭인 '고점糕點'으로, 식사 전에 입맛을 돋우기 위해 먹거나 주식으로 먹
  는 음식을 말한다.

2 소명태자(501~531) : 중국 양梁나라의 문인이자 무제武帝의 큰아들이다. 성은 소蕭이
  고 이름은 통統이며, 자는 덕시德施이다. 31세로 요절하였고 '소명'은 그의 시호이다.
  《문선文選》 30권을 편집하였다.

3 양나라……하였고 :《양서梁書》〈소명태자전昭明太子傳〉에 "보통연간(520~526)에 대
  군이 북쪽을 토벌하여 서울의 곡식이 귀해지자 태자는 이 일로 인하여 옷차림을 검소
  하게 하고 반찬의 양을 줄이도록 명령을 내리고 상찬常饌을 소식으로 바꾸었다.[普通
  中, 大軍北討, 京師穀貴. 太子因命菲衣減膳, 改常饌爲小食.]"라고 하였다.

4 정참(?~?) : 당나라 무종武宗 때 사람으로 강회유후江淮留侯를 지냈다.

5 우선은……드세요 : 오회吳曾의《능개재만록能改齋漫錄》〈사시事始 딤섬[點心]〉에 "당
  나라 정참이 강회유후가 되었을 때 집안사람들이 부인이 먹을 새벽음식을 준비하자, 부
  인이 아우를 돌아보며 '아직 화장을 끝내지 않아 내가 아직 밥을 먹지 못하니 우선은 조
  금만 먹겠다.[唐鄭傪爲江淮留侯, 家人備夫人晨饌. 夫人顧其弟曰: '治妝未畢, 我未及餐,
  爾且可點心.']"라고 말한 구절이 있지만 이야기의 전개가 조금 다르다.

1. 장어면

큰 장어 한 마리를 완전히 쪄서 살을 바르고 뼈를 제거하고 나서 밀가루에 넣고 닭 육수를 부어 반죽을 하고 손으로 면피를 늘린 다음 작은 칼로 가늘게 썰어 닭즙·화퇴즙·표고버섯즙을 넣고 끓인다.

鰻麵

大鰻一條蒸爛, 拆肉去骨, 和入麵中, 入雞湯淸揉之, (幹)[擀]⁶成麵皮, 小
刀劃成細條, 入雞汁·火腿汁·蘑菇汁滾.

2. 온면

가는 국수를 끓는 물에 넣었다가 건져내서 물기를 빼고 그릇에 담는다. 닭고기와 표고버섯으로 만든 진한 국물을 만들어, 국수를 먹을 때 각자 표주박으로 진한 국물을 퍼서 면 위에 붓는다.

溫麵

將細麵下湯瀝乾, 放碗中, 用雞肉·香蕈濃鹵, 臨喫, 各自取瓢加上.

---

6 (幹)[擀] : 저본에는 '幹'으로 되어 있으나, 중화서국과 강소봉황문예출판사 정리본에
의거하여 '擀'으로 바로잡았다.

3. 드렁허리면

드렁허리를 삶아 만든 국물을 면에 붓고 다시 끓인다. 이것은 항주杭州의 요리법이다.

[鱔麵][7]

熬鱔成鹵, 加麵再滾. 此杭州法.

4. 치마끈면

작은 칼로 면을 가닥으로 써는데 조금 넓은 것을 '치마끈면'이라고 부른다. 대체로 면을 만들 때는 국물이 많은 것이 맛있는데, 그릇 속의 면이 보이지 않을 정도가 되어야 맛이 묘하다. 면을 다 먹고 나서도 더 먹고 싶게 할 정도로 사람을 끌어들이는 훌륭한 맛이 있다. 이 요리법은 양주揚州에서 성행하였는데 딱 맞는 방법이 있는 것 같다.

裙帶麵

以小刀截麵成條, 微寬, 則號'裙帶麵'. 大概作麵, 總以湯多(鹵重)[爲佳][8],
在碗中望不見麵爲妙. 寧使食畢再加, 以便引人入勝. 此法揚州盛行, 恰

---

7 [鱔麵] : 저본에는 이 2자가 없으나, 청清 건륭임자乾隆壬子 소창산방장판본小倉山房藏版本과 수원장판본隨園藏版本에 의거하여 '鱔麵' 2자를 보충하였다.

甚有道理.

5. 소면[9]

하루 전날 표고버섯의 갓을 삶은 즙을 맑게 걸러놓고, 다음날 죽순 삶은 즙을 면에 붓고 삶는다. 이 방법은 양주揚州 정혜암定慧庵의 승려가 만든 것이 매우 정미한데 남들에게 요리법을 전하려고 하지 않는다. 그렇지만 대강은 모방하여 그 방법을 구할 수 있다. 국물의 색깔이 완전히 검은색인데, 어떤 사람은 새우즙과 표고버섯 원래의 즙을 몰래 사용하기도 한다. 다만 진흙과 모래를 제거하여 국물을 맑게 하려고 거듭 국물을 바꾸어서는 안 된다. 한 번 국물을 바꾸면 원래의 맛이 옅어진다.

素麵

先一日將蘑菇蓬熬汁, 定清; 次日將笋熬汁, 加麵滾上. 此法揚州定慧庵僧人, 製之極精, 不肯傳人. 然其大槪亦可傲求. 其湯純黑色, 或云暗用蝦汁·蘑菇原汁, 只宜澄去泥沙, 不重換水; 一換水, 則原味薄矣.

---

8 (鹵重)[爲佳] : 저본에는 '鹵重'으로 되어 있으나, 중화서국과 강소봉황문예출판사 정리본에 의거하여 '爲佳'로 바로잡았다.

9 소면 : 고기 따위를 넣지 않은 국수를 말한다.

6. 도롱이떡[10]

마른 밀가루를 찬물로 반죽하는데 물이 많을 필요는 없다. 주물러서 얇게 편 다음 말아서 한데 합치고 나서 다시 얇게 펴서 돼지기름과 백설탕을 고르게 바르고 다시 말아서 한데 합쳐 얇은 떡을 만들고 돼지기름으로 노릇하게 굽는다. 짜게 먹으려면 파와 화초소금[椒鹽][11]을 사용해도 괜찮다.

蓑衣餅

乾麵用冷水調, 不可多, 揉(幹)[擀][12]薄後, 卷攏再(幹)[擀]薄了, 用猪油·白糖鋪勻, 再卷攏(幹)[擀]成薄餅, 用猪油熯黃. 如要鹽的, 用蔥·椒鹽亦可.

7. 새우떡

생새우살에 파·소금·산초·감주를 조금 넣고 물과 밀가루를 넣어 반죽한 다음 향유로 굽는다.

---

10 도롱이떡 : 층층이 쌓인 떡의 모양이 마치 도롱이의 모양을 닮아 붙여진 이름이다.

11 화초소금 : 볶은 계피나 산초를 소금에 다져 가루로 만든 소금을 말한다.

12 (幹)[擀] : 저본에는 '幹'으로 되어 있으나, 중화서국과 강소봉황문예출판사 정리본에 의거하여 '擀'으로 바로잡았다. 아래도 같다.

蝦餅

生蝦肉, 蔥·鹽·花椒·甜酒脚少許, (如)[加]¹³水和麵, 香油灼透.

8. 얇은 떡

산동山東의 공번대孔藩臺¹⁴ 집에서 만든 얇은 떡은 매미 날개처럼 얇고 차접시만큼 컸으며 비교할 수 없을 정도로 부드러웠다. 우리 집 사람들이 그의 방법대로 만들어 보았지만 끝내 그가 만든 것에는 미치지 못하였으니 무엇 때문인지 모르겠다.

진인秦人¹⁵들은 주석으로 작은 항아리를 만들어 30장의 떡을 담아 손님마다 1개의 항아리를 주었다. 떡은 귤만큼 작았다. 항아리에는 뚜껑이 있어 모아 둘 수 있었다. 떡 속에 들어가는 소는 가늘게 채 썬 볶은 고기를 사용하는데 머리카락처럼 가늘었다. 파도 그렇게 한다. 돼지고기와 양고기를 함께 사용하는 것은 '서병西餅'이라고 부른다.

---

13 (如)[加] : 저본에는 '如'로 되어 있으나, 청淸 건륭임자乾隆壬子 소창산방장판본본小倉山房藏版本과 수원장판본隨園藏版本에 의거하여 '加'로 바로잡았다.

14 공번대(?~?) : 공씨 성을 가진 '번대藩臺'를 이르는 말로, '번대'는 '포정사布政使'의 별칭으로 성의 재무를 담당하던 벼슬아치이다.

15 진인 : 섬서陝西 지역 사람을 말한다.

薄餅

山東孔藩臺家製薄餅, 薄若蟬翼, 大若茶盤, 柔膩絶倫. 家人如其法爲之, 卒不能及, 不知何故. 秦人製小錫罐, 裝餅三十張. 每客一罐. 餅小如柑. 罐有蓋, 可以貯. (煖)[餡]¹⁶用炒肉絲, 其細如髮. 蔥亦如之. 猪·羊竝用, 號曰'西餅'.

9. 송편

남경南京 연화교蓮花橋¹⁷ 교문방점教門方店¹⁸에서 만든 것이 가장 정미하다.

松餅

南京蓮花橋, 教門方店最精.

---

16 (煖)[餡] : 저본에는 '煖'으로 되어 있으나, 중화서국과 강소봉황문예출판사 정리본에 의거하여 '餡'으로 바로잡았다.

17 남경 연화교 : 오늘날 남경 현무구玄武區에 있는데 다리의 동남쪽에 연화암蓮花庵이 있어서 붙여진 이름이다.

18 교문방점 : 어떠한 종교를 믿는 방씨 성을 가진 사람이 운영하는 가게를 말한다.

10. 쥐꼬리면

뜨거운 물로 밀가루를 반죽하여 닭즙이 끓으면 젓가락으로 반죽을 닭즙에 넣는다. 크기는 구분할 필요 없고 신선한 채심菜心[19]을 넣으면 특별히 풍미가 있다.

麵老鼠

以熱水和麵, 俟雞汁滾時, 以箸夾入, 不分大小, 加活菜心, 別有風味.

11. 전불릉[고기만두]

반죽한 밀가루를 펼쳐서 고기를 싸서 소를 만든 다음 찐다. 그것의 장점은 오로지 소를 만드는 방법을 얻은 것이다. 나머지는 연한 고기에 근육의 막을 제거하고 양념을 더한 것에 불과할 뿐이다. 내가 광동廣東에 도착하여 관진대官鎭臺[20]의 집에서 먹어본 불릉不稜이 매우 맛있었다. 속에 고기껍질을 삶아서 낸 기름으로 소를 만들었기 때문에 부드럽고 맛이 있었다.

---

19 채심 : 무나 배추 따위의 꽃줄기를 이르는 '장다리[菜薹]'를 말한다.

20 관진대 : 관씨 성을 가진 '진대'를 이르는 말로, '진대'는 군정軍政을 다스리던 벼슬아치이다.

顚不稜【卽肉餃也】[21]

糊麵攤開, 裏肉爲餡蒸之. 其討好處, 全在作餡得法, 不過肉嫩·去筋·加
作料而已. 余到廣東, 吃官鎭臺顚不稜, 甚佳. 中用肉皮燸膏爲餡, 故覺
軟美.

12. 고기혼돈[22]

혼돈을 만드는 방법은 교자餃子를 만드는 방법과 같다.

肉餛飩

作餛飩, 與餃同.

13. 부추전병

부추의 줄기를 고기와 무쳐 양념을 하고 만두피로 싼 다음 기름에 넣

---

21 【卽肉餃也】: 저본에는 '卽肉餃也'가 대문大文으로 되어 있으나, 문례文例에 의거하
여 '【 】'를 보충하여 자주自注로 처리하였다.

22 혼돈 : 밀가루나 쌀가루를 반죽하여 둥글둥글하게 빚어, 그 속에 소를 넣어서 찐 만
두를 이른다.

고 튀긴다. 만두피 안에 소유酥油[23]를 넣으면 더욱 맛이 묘하다.

韭合

韭白拌肉, 加作料, 麵皮包之, 入油灼之. 麵內加酥更妙.

14. 면의[24](설탕떡)

설탕물로 밀가루를 반죽하고 기름솥에 넣고 익힌 다음 젓가락으로 떡의 모양을 만든다. 이를 '연과병軟鍋餅'이라고 하니, 항주 지역의 요리법이다.

麵衣

糖水糊麵, 起油鍋令熱, 用箸夾入; 其作成餅形者, 號'軟鍋餅'. 杭州法也.

---

23 소유 : 소나 양의 젖을 끓인 다음 식혀서 응고된 지방으로 만든 것으로 오늘날의 버터와 비슷하다.

24 면의 : 밀가루 반죽으로 만든 피를 이른다.

15. 구운 떡

　잣과 호두씨를 잘게 빻은 다음 설탕 가루와 돼지기름을 넣고 밀가루 반죽과 고루 섞어서 굽는다. 양쪽이 노릇해질 정도로 굽고 참깨를 뿌린다. 고아扣兒[25]가 만드는데 밀가루를 4~5차례 체로 치면 눈처럼 희다. 반드시 양면으로 된 솥을 사용하여 아래위를 불로 고루 굽는다. 버터를 발라 먹으면 더욱 맛이 있다.

　燒餅

　用松子·胡桃仁敲碎, 加氷糖屑·脂油, 和麵炙之, 以兩面[煌][26]黃爲度, 而加芝麻. 扣兒會做, 麵羅至四五次, 則白如雪矣. 須用兩面鍋, 上下放火, 得奶酥更佳.

16. 천층만두

　양참융楊參戎[27]의 집에서 만든 만두는 눈처럼 희고 껍질을 벗겨보면 마치 천층인 듯하였다. 금릉金陵 사람들은 만들지 못한다. 양주揚州 사

---

25 고아 : 원내 집의 여자 요리사를 이른나.

26 [煌] : 저본에는 없으나, 중화서국과 강소봉황문예출판사 정리본에 의거하여 '煌'을 보충하였다.

27 양참융(?~?) : 양씨 성을 가진 '참융'을 이르는데, 어떤 사람인지 자세하지 않다. 참융은 무관 벼슬 이름이다.

람들이 그 반을 터득하였고 상주常州와 무석無錫 사람들도 그 반을 터
득하였다.

千層饅頭

楊參戎家製饅頭, 其白如雪, 揭之如有千層. 金陵人不能也. 其法揚州得
半, 常州·無錫亦得其半.

17. 면차[28]

질이 좋지 않은 차를 끓인 다음 볶은 밀가루를 넣는다. 지마장芝麻
醬[29]을 넣어도 괜찮고 우유를 넣어도 괜찮다. 소금을 조금 넣고, 우유가
없으면 버터를 넣거나 크림을 넣어도 괜찮다.

麵茶

熬粗茶汁, 炒麵兌入, 加芝麻醬亦可, 加牛乳亦可, 微加一撮鹽. 無乳則加
奶酥·奶皮亦可.

---

28 면차 : 밀가루와 참깨·땅콩·두부 등을 갈아 만든 가루를 물에 타서 죽으로 끓인 음
   식으로 주로 간식으로 먹는다.
29 지마장 : 참깨를 타서 만든 간장을 이른다.

18. 락[30]

살구씨를 빻아서 장을 만들고 찌꺼기를 제거한 다음 쌀가루로 버무려 설탕을 넣고 졸인다.

酪

捶杏仁作漿, 挍去渣, 拌米粉, 加糖熬之.

19. 분의[31]

면의麵衣(설탕떡)를 만드는 방법과 같다. 설탕이나 소금을 넣어도 모두 괜찮다. 편한 방법을 취하면 된다.

粉衣

如作麵衣之法. 加糖·加鹽俱可, 取其便也.

---

30 락 : 빻은 살구씨 등을 넣어 풀 같이 만든 음식을 이른다.

31 분의 : 쌀가루 반죽으로 만든 피를 이른다.

20. 댓잎떡

대나무 잎으로 흰 찹쌀을 싸서 찐다. 뾰족하고 작은 것은 막 돋아난 마름처럼 생겼다.

竹葉粽

取竹葉裹白糯米煮之. 尖小, 如初生菱角.

22. 무탕원[32]

무를 쪼개어 채 썬 다음 익혀서 냄새를 제거하고 살짝 말린 다음 파와 간장을 넣고 버무린다. 분단粉團[33]에 놓고 소를 만들고 나서 다시 참기름으로 튀긴다. 끓여도 괜찮다. 춘포방백春圃方伯[34]의 집에서 만드는 무떡은 고아扣兒가 배워서 안다. 이 방법에 따라 부추전병이나 꿩전병

---

32 무탕원 : 무로 만든 탕원을 이른다. 탕원은 찹쌀가루 반죽에 검은깨 등의 소를 넣고 동그랗게 빚어서 끓여 만든 중국요리이다. 중국 정월대보름인 '원소절原宵節'에 즐겨 먹는 명절 음식으로 '원소元宵'라고도 한다. 생김새는 우리나라 팥죽에 넣어 먹는 새알과 비슷하지만 탕원에는 우리나라의 송편처럼 소가 반드시 들어간다. 가장 대표적인 것이 검은깨와 설탕 등으로 달콤하게 만든 소이며 팥으로 만든 것, 다진 고기로 만든 것 등 지역과 개인의 기호에 따라 다양한 소를 넣어 먹는다.

33 분단 : 햇보리나 작고 동글납작하게 만든 멥쌀 흰떡을 녹말가루를 묻혀 끓는 물에 데쳐 차가운 꿀물이나 오미자국에 띄워 시원하게 먹는 화채인 수단水團을 말한다.

34 춘포방백 : 춘포는 원매의 사촌 동생 원감袁鑑의 호이다. 방백은 그의 벼슬이다.

을 만들었다.

蘿蔔湯圓

蘿蔔刨絲滾熟, 去臭氣, 微乾, 加蔥·醬拌之, 放粉團中作餡, 再用麻油灼之. 湯滾亦可. 春圃方伯家製蘿蔔餅, 叩兒學會, 可照此法作韭菜餅·野雞餅試之.

물과 쌀가루를 섞어서 탕원을 만들면 매우 부드럽다. 속에 잣·호두·돼지기름·설탕으로 소를 만들기도 하고, 연한 고기의 근육막을 제거하고 다져서 잘게 썬 파·추유秋油를 넣고 소를 만들어도 괜찮다. 수분水粉을 만드는 방법은 찹쌀을 하루 밤낮 물에 담근 다음 물기가 있는 채로 갈아 천에 담고, 천의 아래쪽에 나무를 태운 재를 깔아 찌꺼기를 제거한 다음 고운 쌀가루를 취하여 햇볕에 말려서 사용한다.

水粉湯圓

用水粉和作湯圓, 滑膩異常, 中用松仁·核桃·猪油·糖作餡, 或嫩肉去筋絲捶爛, 加蔥末·秋油作餡亦可. 作水粉法, 以糯米浸水中一日夜, 帶水磨之, 用布盛接, 布下加灰, 以去其渣, 取細粉晒乾用.

---

35 수분탕원 : 물과 찹쌀을 함께 넣고 갈아서 만든 탕원을 이른다.

24. 돼지기름떡[36]

순찹쌀가루를 돼지기름에 버무린 다음 접시에 담아 찌고 얼음설탕을 잘게 부수어 찹쌀가루에 넣고 찐 다음 칼로 썬다.

脂油糕

用純糯粉拌脂油, 放盤中蒸熟, 加氷糖搥碎, 入粉中, 蒸好用刀切開.

25. 눈꽃떡

찐 찹쌀밥을 곱게 찧은 다음 참깨가루에 설탕을 넣고 소를 만들어 떡을 만든 뒤 다시 네모나게 자른다.

雪花糕

蒸糯飯搗爛, 用芝麻屑加糖爲餡, 打成一餅, 再切方塊.

---

36 돼지기름떡 : 동물의 지방을 끓여서 만든 기름을 이르는데, 여기서는 돼지기름을 이른다.

26. 연향고[37]

연향고는 소주蘇州 도림교都林橋[38]에서 만든 것을 제일로 손꼽는다. 그다음이 호구고虎邱糕로서 서시西施 집에서 만든 것을 두 번째로 손꼽는다. 남경南京 남문 밖 보은사報恩寺[39]에서 만든 것을 세 번째로 손꼽는다.

軟香糕

軟香糕, 以蘇州都林橋爲第一. 其次虎邱糕, 西施家爲第二. 南京南門外報恩寺則第三矣.

27. 백과고

항주의 북쪽 관문 밖에서 파는 것이 가장 맛이 있다. 찹쌀가루에 잣과 호두를 넣고 등정橙丁[40]을 넣지 않는 것이 묘하다. 단맛이 나는 것은 꿀이나 설탕을 넣은 단맛이 아니라서 금방 먹어도 괜찮고 오래 두고 먹

---

37 연향고 : 찹쌀가루에 멥쌀가루를 섞어 만든다.

38 도림교 : 강소성江蘇省 소주蘇州 서북쪽에 있는 도정교都亭橋를 이르는 듯하다.

39 보은사 : 지금의 대보은사大報恩寺를 이른다. 강소성江蘇省 남경성南京城 남쪽에 있다.

40 등정 : 등자나무 열매(광귤)를 설탕에 잰 절임음식이다.

어도 괜찮다. 집에서는 만드는 방법을 알지 못하였다.

百果糕

杭州北關外賣者最佳. 以粉糯, 多松仁·胡桃, 而不放橙丁者爲妙. 其甜處
非蜜非糖, 可暫可久. 家中不能得其法.

28. 율고[41]

밤을 완전히 익혀서 순찹쌀가루에 설탕을 넣고 떡을 만들어 찐 다음
해바라기씨와 잣을 더한다. 이것은 중양절에 먹는 간식이다.

栗糕

煮果極爛, 以純糯粉加糖爲糕蒸之, 上加瓜仁·松子. 此重陽小食也.

29. 청고와 청단

청초靑草를 찧어서 즙을 내어 쌀가루와 섞어 분단粉團[42]을 만드는데

---

41 율고 : 밤을 섞어 만든 떡으로, 쌀가루에 밤을 통째로 섞어서 시루에 찌거나, 밤을 삶
　아 으깬 것에 찹쌀가루와 꿀을 섞어 시루에 찐다.

42 분단 : 화채에 띄워 먹는 흰떡으로 만든 수단水團이다. 자세한 내용은 p.267 역주 33)

색깔이 마치 벽옥碧玉과 비슷하다.

靑糕·靑團

搗靑草爲汁, 和粉作粉團, 色如碧玉.

30. 합환병

떡을 쪄서 밥을 만들고 떡살로 찍으면 마치 작은 공벽珙璧[43]과 같은 모양이 된다. 이를 철선반에 올려 말린 다음 기름을 조금 바르면 선반에 붙지 않는다.

合歡餠

蒸糕爲飯, 以木印印之, 如小珙璧狀, 入鐵架燂之, 微用油, 方不粘架.

31. 병아리콩떡

병아리콩을 빻고 쌀가루를 조금 넣고 떡을 만들어 접시에 담아 찐다.

─────────

참고.

43 공벽 : 두 손으로 안을 정도의 큰 구슬을 이른다. 여기서는 그러한 모양의 작은 구슬을 이른다.

먹을 때 작은 칼로 썰어서 먹는다.

雞豆糕

研碎雞豆, 用微粉爲糕, 放盤中蒸之. 臨食用小刀片開.

32. 병아리콩죽

병아리콩을 갈아서 죽을 만드는데 신선한 것이 가장 맛이 있지만 오래된 것도 괜찮다. 마와 복령茯笭을 넣으면 더욱 맛이 묘하다.

雞豆粥

磨碎雞豆爲粥, 鮮者最佳, 陳者亦可. 加山藥·茯笭尤妙.

33. 금단

항주금단杭州金團을 만드는 방법은, 복숭아·살구·원보元寶[44]모양으로 나무를 판 다음 찹쌀가루와 섞은 것을 눌러서 떡살에 밀어 넣으면

---

44 원보 : 중국에서 사용하던 화폐의 하나로, 말굽을 닮아 '말굽은'이라고도 한다.

모양이 만들어진다. 속에 들어가는 소는 고기든 채소든 구애받을 필요가 없다.

金團

杭州金團, 鑿木爲桃·杏·元寶之狀, 和粉搦成, 入木印中便成. 其餡不拘葷素.

34. 연근가루와 백합가루

연근가루는 직접 간 것이 아니면 믿을 수 없다. 백합가루도 그렇다.

藕粉·百合粉

藕粉非自磨者, 信之不眞. 百合粉亦然.

35. 마단

찐 찹쌀을 찧어 경단을 만들고 참깨가루에 설탕을 버무려 소를 만든다.

麻團

蒸糯米搗爛爲團, 用芝麻屑拌糖作餡.

36. 토란가루경단

토란을 갈아서 가루를 낸 다음 햇볕에 말리고 쌀가루와 섞어서 사용한다. 조천궁朝天宮의 도사가 만든 토란가루 경단과 꿩고기로 만든 소가 매우 맛있다.

芋粉團

磨芋粉晒乾, 和米粉用之. 朝天宮道士製芋粉團, 野雞餡, 極佳.

37. 익힌 연근

연근의 구멍에 쌀을 넣고 설탕을 붓고 직접 끓이면 국물까지 매우 맛이 있다. 바깥에서 파는 것은 잿물을 많이 사용해서 맛이 변해 먹을 수가 없다. 나는 본성이 부드러운 연근을 먹는 것을 좋아하는데, 아무리 부드럽게 익혀도 이로 잘라 먹기 때문에 맛이 남아 있다. 만약 오래된 연근은 한번 삶으면 물러져 아무런 맛이 없다.

熟藕

藕須貫米加糖自煮, 竝湯極佳. 外賣者多用灰水, 味變, 不可食也. 余性愛
食嫩藕, 雖軟熟而以齒決, 故味在也. 如老藕一煮成泥, 便無味矣.

38. 햇밤과 햇마름

햇밤을 무르게 삶으면 잣향이 난다. 요리사들은 무르게 삶으려고 하
지 않기 때문에 금릉金陵 사람들은 죽을 때까지 그 맛을 모른다. 햇마름
도 그렇다. 금릉 사람들은 단단하게 익기를 기다렸다가 먹기 때문이다.

新出之栗, 爛煮之, 有松子仁香. 廚人不肯煨爛, 故金陵人有終身不知其味
者. 新菱亦然. 金陵人待其老方食故也.

39. 연밥

복건성福建省의 연밥은 비싸기는 하지만 쉽게 삶기는 호남湖南의 연밥
만 못하다. 대체로 조금 익으면 연밥을 꺼내고 껍질을 제거한 다음 탕에
넣고 뭉근한 불로 익힌다. 뚜껑을 닫고 끓일 때는 열어보아서도 안 되고
불길이 멈추어서도 안 된다. 이렇게 2개의 향이 탈 때(약 4시간)까지 삶으

면 연밥이 익을 때 단단한 것이 생기지 않는다.

蓮子

建蓮雖貴, 不如湖蓮之易煮也. 大槪小熟, 抽心去皮, 後下湯, 用文火煨之, 悶住合蓋, 不可開視, 不可停火. 如此兩炷香, 則蓮子熟時, 不生骨矣.

40. 토란

날씨가 좋은 10월에 토란알과 토란을 취하여 햇볕에 바싹 말려 풀 위에 놓아두어 얼거나 상하게 해서는 안 된다. 봄에 삶아 먹으면 자연의 단맛이 있는데 세속의 사람들은 그것을 모른다.

芋

十月天晴時, 取芋子·芋頭, 晒之極乾, 放草中, 勿使凍傷. 春間煮食, 有自然之甘. 俗人不知.

41. 소미인의 딤섬

의진儀眞[45] 남문 밖에 소미인[46]이 딤섬을 잘 만드는데 만두·떡·교자와 같은 것들은 정교하고 귀여우며 눈처럼 깨끗하고 희었다.

蕭美人點心

儀眞南門外, 蕭美人善製點心, 凡饅頭·糕·餃之類, 小巧可愛, 潔白如雪.

42. 유방백의 월병

산동성山東省의 정제된 밀가루로 바싹거리는 껍질을 만들고, 속에 잣·호두·해바라기씨를 곱게 갈고 얼음설탕과 돼지기름을 조금 더한 다음 소를 만든다. 먹으면 몹시 달지는 않지만 향이 좋고 부드러우며 매우 특이하다.

劉方伯月餅

用山東飛麵, 作酥爲皮, 中用松仁·核桃仁·瓜子仁爲細末, 微加氷糖和猪油作餡. 食之不覺甚甜, 而香松柔膩, 迥異尋常.

---

45 의진 : 강소성江蘇省에 있던 현의 이름이다.

46 소미인 : 딤섬을 잘 만들기로 이름이 났던 여자이다.

43. 도방백의 십경딤섬

매번 설날이 될 때면 도방백陶方伯[47]의 부인이 손수 10가지 딤섬을 만들었는데 모두 산동에서 생산되는 정제된 밀가루로 만들었다. 형태와 모양이 기이하고 오색이 다채로웠으며, 먹어보면 모두 맛이 있어 사람들이 서로 말도 없이 먹기만 하였다. 살제군薩制軍[48]이 "공방백의 박병薄餅[49]을 먹으면 천하의 박병은 모두 버려야 하고, 도방백의 십경딤섬을 먹으면 천하의 딤섬은 모두 버려야 한다."라고 하였다. 도방백이 죽고 나서 이 딤섬도 〈광릉산廣陵散[50]〉이 되고 말았다. 안타깝다.

陶方伯十景點心

每至年節, 陶方伯夫人手製點心十種, 皆山東飛麪所爲. 奇形詭狀, 五色紛披. 食之皆甘, 令人應接不暇. 薩制軍云: "喫孔方伯薄餅, 而天下之薄餅可廢; 喫陶方伯十景點心, 而天下之點心可廢." 自陶方伯亡, 而此點心亦成<廣陵散>矣. 嗚呼!

---

47 도방백 : 도역陶易(1714~1778)을 이른다. 자는 경초經初이고, 저서로는《유옹수필游雍隨筆》등이 있다.

48 살제군 : 살재薩載(?~1786)를 이른다. 자는 후암厚菴이다.

49 박병 : 밀가루 전이다. 밀가루 반죽을 엷게 늘여서 번철燔鐵에다 구운 것으로 입춘 때에 야채·고기 등을 싸서 먹는 음식이다.

50 광릉산 : 삼국시대 혜강嵇康이 잘 탔던 곡조의 이름으로, 그가 죽고 나서 이 곡도 마침내 끊어져 버렸다.

44. 양중승의 서양병

계란 흰자와 정제된 밀가루를 물에 잘 섞어 그릇에 담아 둔다. 구리집게[51]를 마련한다. 집게의 끝에 떡모양을 접시 크기 정도로 만들고 아래 위 양면에 집게가 접합하는 곳은 1푼(30mm)이 되지 않게 한다. 센 불로 구리집게를 달군 다음 물을 뿌리고 반죽을 틀에 넣고 구우면 곧바로 떡이 만들어진다. 눈처럼 희고 부드러운 얇은 종이처럼 깨끗하다. 얼음사탕과 잣가루를 조금 더한다.

楊中丞西洋餅

用雞蛋淸和飛麵杵稠水, 放碗中. 打銅夾剪一把, 頭上作餅形, 如碟大, 上下兩面, 銅合縫處不到一分. 生烈火烘銅夾, 撩稠水, 一糊一夾一熯, 頃刻成餅. 白如雪. 明如綿紙, 微加氷糖·松仁屑子.

45. 누룽지튀김

흰쌀로 만든 누룽지는 종잇장처럼 얇고 기름으로 튀겨 백설탕을 조금 뿌려 입에 넣으면 매우 바싹거린다. 금릉金陵 사람들이 가장 잘 만드는데, '누룽지튀김'이라고 부른다.

---

51 구리집게 : 양중승楊中丞의 서양병西洋餅을 찍어내는 손잡이가 달린 구리로 만든 틀을 말한다.

白云片

白米鍋巴, 薄如綿紙, 以油炙之, 微加白糖, 上口極脆. 金陵人製之最精,
號'白云片'.

46. 찹쌀누룽지[52]

흰쌀가루를 물에 불려 작은 조각으로 만들고 돼지기름에 넣고 튀긴
다. 솥에서 꺼낼 때 설탕을 뿌린다. 서리처럼 희고 입에 넣자마자 녹는
다. 항주杭州 사람들은 이를 '찹쌀누룽지'라고 부른다.

風栁

以白粉浸透, 製小片入猪油灼之, 起鍋時加糖糝之, 色白如霜, 上口而化.
杭人號曰'風栁'.

47. 삼층옥대고

순찹쌀가루로 떡을 만드는데 3층으로 나누어 만든다. 한 층은 쌀가
루, 한 층은 돼지기름·백설탕, 다시 한 층은 쌀가루를 켜켜이 쌓아서 찌

---

52 찹쌀누룽지 : 속이 비고 얇아서 바람만 불어도 날린다고 하여 붙여진 이름이다.

는데, 익으면 자른다. 소주蘇州 사람들이 만드는 방법이다.

三層玉帶糕

以純糯粉作糕, 分作三層; 一層粉, 一層猪油·白糖, 夾好蒸之, 蒸熟切開.
蘇州人法也.

48. 운사고

노아우盧雅雨[53]가 운사運司가 되었을 때 이미 노년이었는데, 양주점揚
州店에서 만든 떡을 그에게 드리자 크게 칭찬하였다. 이때부터 '운사고'
라는 이름이 생기게 되었다. 눈처럼 흰데 연지를 찍으니 마치 복숭아꽃
처럼 붉었다. 설탕을 조금 넣고 소를 만드니 담담하여 더욱 맛이 있었
다. 운사의 아문 앞 가게에서 만드는 것이 맛이 있다. 다른 가게에서 만
드는 것은 가루가 거칠고 색깔이 조악하다.

運司糕

盧雅雨作運司, 年已老矣. 揚州店中作糕獻之, 大加稱賞. 從此遂有'運司
糕'之名. 色白如雪, 點胭脂, 紅如桃花. 微糖作餡, 淡而彌旨. 運司衙門前

---

53 노아우 : 노견증盧見曾(1690~1768)을 이른다. 자는 포손抱孫이고, 호는 아우산인雅
雨山人·담원澹園이다. 양회염운사兩淮鹽運使 등을 지냈다. 왕사정王士禎과 전문田雯
등에게 수학하여 시로써 이름이 났다. 저서로《아우당집雅雨堂集》등이 있다.

店作爲佳. 他店粉粗色劣.

49. 사고

찹쌀가루를 쪄서 떡을 만드는데 속에 참깨와 설탕가루를 넣는다.

沙糕

糯粉蒸糕, 中夾芝麻·糖屑.

50. 작은 만두와 작은 혼돈

호두 크기로 만두를 만들어 찜통에 넣고 쪄서 먹는다. 한 번 젓가락질 할 때마다 한 쌍을 집을 수 있다. 양주揚州의 음식인데, 양주에서 발효하여 만든 것이 가장 맛이 있다. 손으로 누르면 반촌(1.5cm)도 되지 않고 손을 놓으면 그대로 다시 올라온다. 작은 혼돈은 용안龍眼[54]처럼 작고 닭 육수에 넣는다.

---

54 용안 : 중국 남방 쪽에서 나는 과일의 이름으로 자양분이 많고 단맛이 난다. '용안육龍眼肉'이라고 하며 주로 식용이나 약용으로 쓴다.

小饅頭·小餛飩

作饅頭如胡桃大, 就蒸籠食之. 每箸可夾一雙. 揚州物也. 揚州發酵最佳.
手捺之不盈半寸, 放鬆仍隆然而高. 小餛飩小如龍眼, 用雞湯下之.

51. 설증고 만드는 방법

고운 가루를 갈 때마다 찹쌀 20%와 멥쌀 80%를 원칙으로 한다.

하나, 찹쌀과 멥쌀가루를 섞은 뒤에 접시에 담아 찬물을 조금씩 뿌리면
서 반죽을 하면 뭉쳐지고 흩으면 모래처럼 부스러질 정도로 한다.
거친 베로 체를 치고 남은 덩어리는 손으로 비비면서 체질하여 체
위에 있는 가루를 다 내린다. 먼저 체질한 것과 뒤에 체질한 것을
골고루 섞어 한쪽만 마르지 않게 물기가 있는 천으로 덮어 바람과
햇볕에 마르지 않도록 준비해둔다.【물에 서양 설탕을 넣으면 더 맛이
있다. 가루를 섞는 방법은 시중의 침아고枕兒糕[55]를 만드는 방법과 같다.】

하나, 석권錫圈과 석전錫錢[56]을 모두 깨끗이 씻어 두고 설증고를 만들
때 참기름과 물을 천으로 틀에 바른다. 매번 찐 뒤에는 반드시
틀을 씻고 참기름과 물을 바른다.

하나, 석권 안에 석전을 놓아두고 우선 가루의 절반을 팍팍하지 않게

---

55 침아고(?~?) : 미상이다.

56 석권과 석전 : 증고蒸糕를 만드는 주석으로 만든 틀을 이른다.

담는다. 과일소를 속에 살살 넣고 나서 가루를 팍팍하지 않게 석
권에 가득 채우고 가볍게 가루가 평평하도록 한다. 탕병湯餠[57]에
담는데 뚜껑의 김이 올라오는 것을 보고 기준으로 삼는다. 다 찐
다음 뒤집어서 우선 석권을 제거하고 나서 석전을 제거한 다음
연지를 찍어 장식을 한다. 두 개의 석권을 교대로 사용한다.

하나, 탕병을 깨끗하게 씻어서 탕은 탕병의 어깨 정도로 오게 하도
록 한다. 너무 오래 끓이면 탕이 쉽게 마르니 마음을 두고 살펴
서 뜨거운 물을 준비해두었다가 자주 더 부어준다.

雪蒸糕法

每磨細粉, 用糯米二分, 粳米八分爲則.

一, 拌粉, 將粉置盤中, 用涼水細細洒之, 以捏則如團·撒則如砂爲度. 將
粗麻篩篩出, 其剩下塊搓碎, 仍于篩上盡出之, 前後和勻, 使乾濕不偏枯.
以巾覆之, 勿令風乾日操, 聽用.【水中酌加上洋糖則更有味, 拌粉與市中
枕兒糕法同.】

一, 錫圈及錫錢, 俱宜洗刷極淨, 臨時略將香油和水, 布蘸拭之. 每一蒸
後, 必一洗一拭.

一, 錫圈內. 將錫錢置妥, 先鬆(莊)[裝][58]粉一小半, 將果餡輕置當中, 後將
粉鬆裝滿圈, 輕輕擡平, 套湯瓶上蓋之, 視蓋口氣直衝爲度. 取出覆之, 先
去圈, 後去錢, 飾以胭脂. 兩圈更遞爲用.

---

57 탕병 : 더운물을 담는 데 쓰는 아가리가 크고 한 쪽에 손잡이가 달린 사기그릇을 이
른다.

58 (莊)[裝] : 저본에는 '莊'으로 되어 있으나, 중화서국과 강소봉황문예출판사 정리본에
의거하여 '裝'으로 바로잡았다.

一, 湯瓶宜洗淨, 置湯分寸以及肩爲度. 然多滾則湯易涸, 宜留心看視, 備熱水(頓)[頻]⁵⁹添.

52. 소병 만드는 방법

차갑게 굳힌 돼지기름 한 사발과 뜨거운 물 한 사발을 준비한다. 먼저 기름과 물을 고루 섞어 익히지 않은 밀가루를 넣고 주물러서 부드럽게 하여 떡 모양으로 민다. 그밖에 쪄서 익힌 밀가루에 돼지기름을 넣고 되지 않도록 반죽을 한다. 그런 뒤에 익히지 않은 밀가루를 호두 정도의 크기로 경단을 만들고 익힌 밀가루도 경단을 작고 동그랗게 만든다. 다시 익힌 밀가루 경단으로 익히지 않은 밀가루 경단을 싼 다음 밀어서 긴 떡을 만드는데 길이는 8촌(26.4cm), 너비는 2~3촌(6.6~9.9cm) 정도로 만든 다음 그릇 모양으로 접어서 곡식으로 만든 소를 싼다.

作酥餠法

冷定脂油一碗, 開水一碗, 先將油同水攪勻, 入生麵, 儘揉要軟, 如擀餠一樣, 外用蒸熟麵入脂油, 合作一處, 不要硬了. 然後將生麵做團子, 如核桃大, 將熟麵亦作團子, 略小一暈, 再將熟麵團子包在生麵團子中, 擀成長餠, 長可八寸, 寬二三寸許, 然後折疊如碗樣, 包上穰子.

---

59 (頓)[頻] : 저본에는 '頓'으로 되어 있으나, 중화서국과 강소봉황문예출판사 정리본에 의거하여 '頻'으로 바로잡았다.

53. 천연병

경양涇陽⁶⁰의 장하당張荷塘⁶¹ 명부明府 집에서 만든 천연병은 상등의 흰 정제된 밀가루를 사용하고 조금의 설탕과 돼지기름을 넣어 바싹거린다. 마음대로 주물러서 떡을 사발 크기로 모나든 둥글든 상관하지 말고 2푼(6mm) 정도 두께로 만들고 나서 깨끗이 씻은 거위알 크기의 자갈 위에 놓고 굽는다. 자갈의 높이가 달라 올록볼록하게 되는데 반쯤 노릇해질 때 꺼내면 부드럽고 맛있는 것이 매우 특이하다. 소금을 넣어도 괜찮다.

天然餅

涇陽張荷塘明府家製天然餅, 用上白飛麵, 加微糖及脂油爲酥, 隨意搦成餅樣, 如碗大, 不拘方圓, 厚二分許. 用潔淨小鵝子石, 襯而煻之, 隨其自爲凹凸, 色半黃便起, 鬆美異常. 或用鹽亦可.

54. 화변월병

명부明府의 집에서 만든 화변월병은 산동山東의 유방백劉方伯 솜씨에

---

60 경양 : 섬서성陝西省 함양咸陽을 이른다.

61 장하당 : 장오전張五典(?~?)을 이른다. 하당荷塘은 그의 호이다. 자는 서백敍百이다. 시에 뛰어났고 원매와 시를 주고받았다. 저서로 《하당시집荷塘詩集》이 있다.

못하지 않다. 내가 항상 가마로 그 집의 여자 요리사를 우리 집으로 맞이하여 이 월병을 만들게 하였는데, 요리사가 만드는 것을 살펴보니 정제된 밀가루에 날돼지기름을 넣고 수없이 반복하여 반죽하고서야 대추살을 넣고 소를 만들었으며, 큰 사발 크기로 자르고 손으로 네 가장자리를 눌러 마름꽃 모양을 만들었다. 두 개의 화로를 사용하여 위아래를 뒤집으며 구웠다. 대추는 껍질을 벗기지 않은 싱싱한 것을 취하고, 기름은 끓이지 않은 생기름을 취한다.

입에 머금으면 녹고, 달면서도 느끼하지 않으며, 부드러워 입에 남는 것이 없다. 이 월병을 만드는 일은 오로지 반죽을 얼마나 하느냐에 있으니, 반죽을 많이 하면 할수록 맛이 묘하다.

花邊月餅

明府家製花邊月餅, 不在山東劉方伯之下. 余常以轎迎其女廚來園製造, 看用飛麵拌生猪油千團百搦, 才用棗肉嵌入爲餡, 裁如碗大, 以手搦其四邊菱花樣. 用火盆兩個, 上下覆而炙之. 棗不去皮, 取其鮮也; 油不先熬, 取其生也. 含之上口而化, 甘而不膩, 鬆而不滯, 其工夫全在搦中, 愈多愈妙.

55. 만두 만드는 방법

우연히 신명부新明府에서 만든 만두를 먹어보았는데, 눈처럼 희면서

곱고 밀가루로 만든 만두피는 은빛이었다. 이는 북방의 밀가루를 사용하였기 때문이라고 생각하였으나, 용문龍文[62]은 "그렇지 않습니다. 밀가루는 남북의 구별이 없고 다만 곱게 체질하기만 하면 됩니다. 5차례를 체질하면 자연히 희고 고와지니 반드시 북방의 밀가루일 필요는 없습니다."라고 하였다.

오직 밀가루 반죽을 발효하는 것이 가장 어렵다. 요리사를 불러와 가르쳐 주기를 요청하였지만 배워보아도 끝내 밀가루 반죽이 부드러워지지 않았다.

製饅頭法

偶食(龍)[新][63]明府饅頭, 白細如雪, 麵有銀光, 以爲是北麵之故. 龍文云, "不然, 麵不分南北, 只要羅得極細; 羅篩至五次, 則自然白細, 不必北麵也." 惟做酵最難. 請其庖人來教, 學之卒不能鬆散.

56. 양주 홍부 종자

홍부洪府에서 만든 종자粽子[64]는 가장 좋은 찹쌀을 구해 쌀알이 완벽

---

62 용문 : 원매의 족제族弟인 원용문袁龍文을 이른다.

63 (龍)[新] : 저본에는 '龍'으로 되어 있으나, 중화서국과 강소봉황문예출판사 정리본에 의거하여 '新'으로 바로잡았다.

64 종자 : 찹쌀·멥쌀·쌀가루 등을 삼각형이나 원추형으로 만들어 댓잎이나 연잎이나 갈대 줄기로 감싸 쪄낸 일종의 중국식 주먹밥이다. 중국에서는 단오절에 먹는 풍습이 있다.

하게 길고 흰 것을 골라 사용한다. 반쪽이 나거나 부서진 것을 제거하고 쌀을 인 뒤에 완전히 익힌다. 익힌 쌀은 큰 대나무 껍질로 싸고 속에 커다란 화퇴火腿 1개를 넣고 하루 밤낮 동안 땔나무가 끊이지 않도록 삶는다. 먹어보면 매끄럽고 따뜻하고 부드러워 고기와 쌀이 조화를 이룬다. 어떤 사람은 "살진 화퇴를 잘게 썰어 찹쌀 속에 흩어둔다."라고 하였다.

揚州洪府粽子

洪府製粽, 取項高糯米, 撿其完善長白者, 去其半顆散碎者, 淘之極熟, 用大箬葉裹之, 中放好火腿一大塊, 封鍋悶煨一日一夜, 柴薪不斷. 食之滑膩溫柔, 肉與米化. 或云: "卽用火腿肥者斬碎, 散置米中."

권 5

- 밥과 죽에 대한 항목
- 차와 술에 대한 항목

Ⅰ.
밥과 죽에 대한 항목

밥과 죽은 근본이고, 나머지 요리는 말단이다. 근본이 서면 길이 절로 생긴다.[1] 그래서 '밥과 죽에 대한 항목'을 짓는다.

飯粥單

粥飯本也, 餘菜末也. 本立而道生. 作〈飯粥單〉.

---

1 근본이……생긴다 :《논어》〈학이學而〉에 나오는 유자有子의 말이다.

1. 밥

왕망王莽[2]이 "소금은 모든 요리의 장수이다."[3]라고 하였는데, 나는 "밥은 모든 맛의 근본이다."라고 하였다. 《시경》에서 "쌀을 썩썩 씻고, 솥에 쪄서 푹푹 김이 오르네."[4]라고 하였으니, 옛날 사람들도 밥을 쪄서 먹었다. 그래서 마침내 밥에 물기가 있지 않은 것을 싫어하였다. 밥을 잘 짓는 사람은 비록 물을 부어 짓는다고 하더라도 마치 찐 것처럼 낱알의 형태가 변함없이 분명하여 입에 넣으면 부드럽고 찰지다. 이렇게 하는 데는 네 가지 비결이 있다.

하나, 좋은 쌀이 필요하다. 향도香稻[5]·동상冬霜·만미晩米[6]·관음선觀音粦·도화선桃花粦[7] 가운데 완전히 익은 것을 도정하고 장마철에는 바람이 잘 통하도록 펼쳐 곰팡이가 생기지 않게 한다.

---

2 왕망(B.C. 45 ~ A.D. 23) : 중국 전한前漢 말의 정치가이며 신新 왕조(8~24)의 건국자이다. 갖가지 권모술수를 써서 최초로 선양혁명禪讓革命에 의하여 전한의 황제 권력을 찬탈하였다. 하지만 이상적인 나라를 세우기 위해 개혁정책을 펼친 인물로 평가되기도 한다.

3 소금은……장수이다 : 이 말은 《한서漢書》〈식화지食貨志〉에 나오는 구절이다.

4 쌀을……오르네 : 《시경》〈대아大雅 생민生民〉의 "우리 제사를 어떻게 지내는가 하면, 혹은 방아를 찧고 혹은 절구질을 하며, 혹은 까불고 혹은 비비며, 쌀을 물에 썩썩 씻고, 솥에 쪄서 푹푹 김이 오르게 한다.[誕我祀如何, 或舂或揄, 或簸或蹂, 釋之叟叟, 烝之浮浮.]"라는 구절이 있다. 원문의 '溲溲'이 《시경》에는 '叟叟'로 되어 있다.

5 향도 : 벼의 품종으로, 까끄라기가 붉고 낱알이 희며 향기로운 맛이 있다.

6 만미 : 벼의 품종으로, 서리가 내릴 무렵에 익는 벼의 이름이다.

7 도화선 : 자포니카 성질을 가진 인디카 쌀의 일종으로 품질이 좋고 흰색과 녹색을 띠며 수정같이 맑다.

하나, 쌀을 잘 일어야 한다. 쌀을 일 때에는 시간을 아끼지 말고 손으로 비벼야 한다. 광주리에서 나오는 물이 맑아져 다시 쌀뜨물이 나오지 않아야 한다.

하나, 불 조절이 필요하다. 먼저 센 불로 찐 후 약한 불로 뜸을 들이는 것이 적당하다.

하나, 쌀을 살펴 물을 부어야 한다. 많지도 적지도 않고 되지도 질지도 않게 하는 것이 적당하다.

왕왕 부귀한 사람들의 집을 보면 요리하는 방법은 강구하지만 밥 짓는 법은 강구하지 않는다. 이는 말단을 쫓고 근본을 잊은 것이니 참으로 가소롭다. 나는 탕에 만 밥을 좋아하지 않는데, 이는 밥의 본래 맛을 잃어버리는 것이 싫기 때문이다. 탕이 맛이 있다면 차라리 탕을 한입 먹고 밥을 한 입 먹으면서 차례를 나누어 먹으면 둘 다 온전히 맛이 있다. 어쩔 수 없을 경우라면 차나 끓는 물을 부어 씻어서 밥의 바른 맛을 잃지 않도록 한다. 밥의 맛은 모든 맛의 으뜸이니 맛을 아는 사람에게는 좋은 밥을 만났을 경우 따로 요리가 필요치 않다.

飯

王莽云: "鹽者, 百肴之將." 余則曰: "飯者, 百味之本." 《詩》稱: "釋之溲溲, 蒸之浮浮." 是古人亦喫蒸飯. 然終嫌米汁不在飯中. 善煮飯者, 雖煮如蒸, 依舊顆粒分明, 入口軟糯. 其訣有四:

一, 要米好, 或'香稻', 或'冬霜', 或'晚米', 或'觀音秈', 或'桃花秈', 舂之極熟, 霉天風攤播之, 不使惹霉發疹.

一, 要善淘, 淘米時不惜工夫, 用手揉擦, 使水從籮中淋出, 竟成淸水, 無
復米色.

一, 要用火, 先武後文, 悶起得直.

一, 要相米放水, 不多不少, 燥濕得直.

往往見富貴人家, 講菜不講飯. 逐末忘本, 眞爲可笑. 余不喜湯澆飯, 惡失
飯之本味故也. 湯果佳, 寧一口喫湯, 一口喫飯, 分前後食之, 方兩全其美.
不得已, 則用茶·用開水淘之, 猶不奪飯之正味. 飯之甘, 在百味之上; 知
味者, 遇好飯不必用菜.

2. 죽

물은 보이지만 쌀이 보이지 않아도 죽이 아니고, 쌀은 보이지만 물이
보이지 않아도 죽이 아니다. 반드시 물과 쌀이 잘 섞여 한결같이 부드럽
고 윤기가 있어야 죽이라고 할 수 있다. 윤문단尹文端[8]이 "사람이 죽을
기다리게 할지라도 죽이 사람을 기다리게 해서는 안 된다."라고 하였으
니 이 말은 참으로 명언이다. 시간이 지체되어 맛이 변하고 죽이 마르는
것을 방지하기 때문이다.

요사이 오리죽을 끓이는 사람이 있는데 죽에 훈성葷腥[9]을 넣기도 하
고, 팔보죽八寶粥을 만드는 사람은 과일을 넣기도 하는데 모두 죽의 바

---

8 윤문단 : 윤계선尹繼善을 말한다. 자세한 내용은 p.81 역주 102) 참고.

9 훈성 : 생선이나 고기 따위의 비린내 나는 재료를 이른다.

른 맛을 잃어버린 것이다. 부득이할 경우 여름에는 녹두를 사용하고 겨울에는 기장쌀을 사용한다. 오곡에 오곡을 넣는 것은 그래도 괜찮다.

　내가 항상 모某 관찰사의 집에서 음식을 먹을 때, 여러 요리는 오히려 괜찮았지만 밥과 죽은 거칠어서 억지로 삼키고 집으로 돌아와 크게 병이 났다. 항상 장난삼아 사람들에게 "오장신五臟神[10]이 곤경에 빠져있기 때문에 스스로 이러한 것을 견디지 못합니다."라고 하였다.

粥

見水不見米, 非粥也; 見米不見水, 非粥也. 必使水米融洽, 柔膩如一, 而後謂之粥. 尹文端公曰: "寧人等粥, 毋粥等人." 此眞名言, 防停頓而味變湯乾故也.

近有爲鴨粥者, 入以葷腥; 爲八寶粥者, 入以果品: 俱失粥之正味. 不得已, 則夏用綠豆, 冬用黍米, 以五穀入五穀, 尙屬不妨.

余常食于某觀察家, 諸菜尙可, 而飯粥粗糲, 勉强咽下, 歸而大病. 常戲語人曰: "此是五臟神暴落難, 是故自禁受不得."

---

10 오장신 : 인체의 다섯 곳의 중요한 장기로, 심장·간·폐·비장·신장을 이른다.

Ⅱ.
차와 술에 대한 항목

차 일곱 잔을 마시니 바람이 생기고[11], 술 한 잔은 세상의 근심을 잊으니 육청六淸[12]을 마시지 않으면 안 된다. 그래서 '차와 술에 대한 항목'을 짓는다.

〈茶酒單〉

七碗生風, 一杯忘世, 非飮用六淸不可. 作〈茶酒單〉.

---

11 일곱 잔을……생기고 : 당唐나라 시인 노동盧소의 〈칠완다가七碗茶歌〉에 "첫 번째 잔은 목과 입술을 적셔주고, 두 번째 잔은 고독과 번민을 없애주네. 세 번째 잔은 오천 권의 문자가 생각나게 하네. 네 번째 잔은 가벼운 땀이 흘러 평생 불평한 일들이 땀구멍으로 모두 흩어지게 하네. 다섯 번째 잔은 살과 뼈가 맑아지게 하고, 여섯 번째 잔은 신령과 통하게 하네. 일곱 번째 잔은 마시기도 전에 양쪽 겨드랑이에 가벼운 바람이 솔솔 부는 것을 느끼게 하네.[一碗喉吻潤, 二碗破孤悶. 三碗搜枯腸, 惟有文字五千卷. 四碗發輕汗, 平生不平事, 盡向毛孔散. 五碗肌骨淸, 六碗通仙靈. 七碗契不得, 惟覺兩腋習習輕風生.]"라는 구절이 있다.

12 육청 : 음식의 맛을 내는 여섯 가지 액체 재료를 이른다. 《주례周禮》〈천관天官 선부膳夫〉에 "물[水]·장醬·단술[醴]·맑은 술[醇]·미음[醫]·기장술[酏]을 이른다."라고 하였다.

1. 차

좋은 차를 우리려면 우선 좋은 물을 준비해야 한다. 물은 중냉中冷과 혜천惠泉[13]의 물이라야 한다. 인가에서 어떻게 역참을 마련하여 이 물을 마련할 수 있겠는가? 그렇지만 샘물·눈 녹은 물은 노력하면 준비할 수 있다. 새로 길은 물은 맛이 맵지만 묵혀 두면 맛이 달아진다. 나는 천하의 차를 다 맛보았는데 무이산武夷山 꼭대기에서 나는 것으로 우렸을 때 흰색이 나는 것이 제일이었다. 그렇지만 공물로 바치기에도 오히려 부족한데 오히려 민간에서는 어떠하겠는가?

그다음으로 용정龍井[14]만 한 것이 없다. 청명일清明日 전에 찻잎을 딴 것을 '연심蓮心'이라고 한다. 맛이 담백하고 많이 넣어야 맛이 묘하다. 곡우穀雨 전에 찻잎을 따는 것이 가장 좋은데 완전히 핀 찻잎과 피지 않은 찻잎[一旗一槍][15]은 벽옥처럼 푸르다.

찻잎을 거두어들이는 방법은 반드시 작은 종이 봉지를 사용하여야 하는데 봉지에는 4냥(150g)씩 담아 석회 단지에 담아 두었다가 10일이 지나면 한차례 석회를 바꾸어 주고 위에 종이 뚜껑을 바른다. 그렇지 않으면 향이 빠져나가고 색이 완전히 변해 버린다.

끓일 때는 센 불로 천심관穿心罐[16]을 사용하여 끓이자마자 우려낸다.

---

13 중냉과 혜천 : '중냉中冷'은 강소성江蘇省 진강鎭江 금산사金山寺 바깥에 있는 샘이다. '혜천惠泉'은 강소성 무석시無錫市 근교에 있는 샘이다.

14 용정 : 절강성浙江省 항주시杭州市 서남쪽 풍황령風篁嶺의 남녘기슭에서 생산된다.

15 완전히……찻잎 : '기旗'는 차의 싹이 완전히 핀 것을 이르고, '창槍'은 아직 싹이 피지 않고 말린 것을 이른다. 둘 다 찻잎의 모양을 본떠 이르는 말이다.

16 천심관 : 물을 끓이는 다구茶具의 일종이다.

오래 끓이면 물맛이 변한다. 끓이기를 멈추었다가 다시 우려내면 잎이 뜬다. 우려내면 곧바로 마셔야 한다. 그렇지 않고 뚜껑을 덮어두면 맛이 또 변한다. 이 가운데 관건은 머리카락만큼의 틈도 용납해서는 안 된다.

산서山西의 배중승裴中丞[17]이 일찍이 사람들에게 "내가 어제 원매의 정원인 수원隨園에 들러서야 비로소 좋은 차 한 잔을 마셨소."라고 하였다. 아! 공은 산서 사람으로 이러한 말을 하다니. 내가 항주杭州에서 나고 자란 사대부들을 만나보니 한번 벼슬아치가 되면 차를 끓여 마시는데 차맛이 약처럼 쓰고 색깔은 피처럼 붉었다. 이는 살만 찌고 아무 하는 일 없는 사람이 빈랑檳榔[18]을 먹는 방법에 불과하니 속되다. 내 고향의 용정차를 제외하고 마실 만하다고 생각되는 것들을 뒤에 나열해 둔다.

茶

欲治好茶, 先藏好水. 水求中冷·惠泉. 人家中何能置驛而辦？ 然天泉水·雪水, 力能藏之. 水新則味辣, 陳則味甘. 嘗盡天下之茶, 以武夷山頂所生, 沖開白色者爲第一. 然入貢尙不能多, 況民間乎？

其次, 莫如龍井. 淸明前者, 號'蓮心', 太覺味淡, 以多用爲妙; 雨前最好, 一旗一槍, 綠如碧玉.

收法須用小紙包, 每包四兩, 放石灰罈中, 過十日則換石灰, 上用紙蓋札住, 否則氣出而色味全變矣.

---

17 배중승 : 배중석裴中錫(?~?)을 이른다. 산서山西 곡옥曲沃 사람으로, 원매와 시를 주고받았던 사람이다.

18 빈랑 : 상록교목인 빈랑수檳榔樹의 열매로, 소화와 살충 등에 효과가 있어 약재로 쓰인다. 빈랑수의 원산지는 말레이시아와 필리핀인데, 1500여 년 전에 중국에 수입되어 주로 운남성雲南省과 해남성海南省 등에서 재배되었다.

烹時用武火, 用穿心罐, 一滾便泡, 滾久則水味變矣. 停滾再泡, 則葉浮矣. 一泡便飮, 用蓋掩之, 則味又變矣. 此中消息, 間不容髮也.

山西裴中丞嘗謂人曰: "余昨日過隨園, 才喫一杯好茶." 嗚呼! 公山西人也, 能爲此言. 而我見士大夫生長杭州, 一入宦場便喫熬茶, 其苦如藥, 其色如血. 此不過腸肥腦滿之人吃檳榔法也. 俗矣! 除吾鄕龍井外, 余以爲可飮者, 臚列于後.

1-1. 무이차

나는 전에는 무이차를 좋아하지 않았는데, 이는 진하고 쓴 것이 마치 약을 마시는 것 같아 싫어했다. 그러나 병오년(1786) 가을 내가 무이산을 유람하다가 만정봉曼亭峰과 천유사天游寺 등지에 도착하자 승려들이 서로 다투어 차를 바쳤다. 잔은 호두만큼 작았고 병은 구연枸櫞[19]만큼 작아 차를 따르면 1냥(0.0375ℓ)도 나오지 않았다.

입에 대자마자 참지 못하고 삼키게 되지만, 우선 향을 맡아보고 거듭 맛을 보면서 천천히 음미하고 세세히 차의 운치를 맛보았다. 그랬더니 과연 맑은 향기가 코를 찌르고 혀에는 단맛이 남아 있었다. 한 잔을 마시고 나서 다시 한두 잔을 더 마시니 사람으로 하여금 조급하던 성정을 화평하게 하고 마음을 편안하고 유쾌하게 하였다.

비로소 용정차는 맑지만 차 맛이 담박하고 양선차陽羨茶는 맛이 좋지만 운치는 그만 못함을 알았나. 사뭇 옥과 수정을 비교하면 품격이 다른 것과 같은 까닭이다. 때문에 무이차가 천하에 훌륭한 명성을 누리는

---

19 구연 : 레몬껍질을 이른다.

것도 참으로 부끄러울 것이 없다. 또한 세 차례나 우려내어도 그 맛은
여전히 다하지 않았다.

一 武夷茶

余向不喜武夷茶, 嫌其濃苦如飮藥. 然丙午秋, 余游武夷到曼亭峰·天游
寺諸處. 僧道爭以茶獻. 杯小如胡桃, 壺小如香櫞, 每斟無一兩. 上口不忍
遽咽, 先嗅其香, 再試其味, 徐徐咀嚼而體貼之. 果然淸芬撲鼻, 舌有餘
甘, 一杯之後, 再試一二杯, 令人釋躁平矜, 怡情悅性. 始覺龍井雖淸而味
薄矣, 陽羨雖佳而韻遜矣. 頗有玉與水晶, 品格不同之故. 故武夷享天下
盛名, 眞乃不忝. 且可以瀹至三次, 而其味猶未盡.

1-2. 용정차

항주의 산에서 생산되는 차이다. 곳곳의 차들이 모두 맑기는 하지만
용정차가 가장 뛰어나다. 매번 고향으로 돌아와 성묘를 할 때마다 무덤
을 관리해주는 사람의 집을 찾아가 만나면 차 한 잔을 내왔는데 물이
맑고 차는 푸른빛이었다. 부귀한 사람이라도 마실 수 없는 차이다.

一 龍井茶

杭州山茶, 處處皆淸, 不過以龍井爲最耳. 每還鄕上冢, 見管墳人家送一
杯茶, 水淸茶綠, 富貴人所不能喫者也.

1-3. 상주 양선차[20]

양선차는 짙은 푸른색이고 참새의 혀나 큰 쌀알과 비슷하다. 용정차와 맛을 비교하면 약간 진하다.

一 常州陽羨茶

陽羨茶, 深碧色, 形如雀舌, 又如巨米. 味較龍井略濃.

1-4. 동정 군산차[21]

동정 군산차는 색깔과 맛이 용정차와 같다. 잎이 조금 넓고 푸른빛이 더 진하며, 가장 작은 잎을 딴다. 방육천方毓川[22] 무군撫軍이 일찍이 두 병을 보내주었는데 과연 매우 맛이 있었다. 뒤에 차를 보내준 사람이 있었는데 모두 진짜 군산차는 아니었다.

一 洞庭君山茶

洞庭君山茶, 色味與龍井相同. 葉微寬而綠過之, 採掇最少. 方毓川撫軍 曾惠兩瓶, 果然佳絶. 後有送者, 俱非眞君山物矣.

그 밖에 육안六安·은침銀鍼·모첨毛尖·매편梅片·안화安化 등의 차는

---

20 양선차 : 강소성江蘇省 의흥宜興에서 나는 이름난 차이다.

21 동정 군산차 : 동정호洞庭湖 가운데 있는 군산도君山島에서 생산되는 차이다.

22 방육천 : 방세준方世俊(?~1769)을 이른다. '육천毓川'은 자이다.

대체로 그만 못하다.

此外如六安·銀鍼·毛尖·梅片·安化, 槪行黜落.

2. 술

나는 본래 술을 가까이하지 않았기 때문에 술을 억제하는 것이 지나치게 엄격하였지만 도리어 술맛은 깊이 알 수 있었다. 지금 천하에 소흥주紹興酒[23]가 유행하지만 창주滄酒[24]의 깨끗함과 심주潯酒[25]의 맑음, 천주川酒[26]의 신선함이 어찌 소흥주만 못하겠는가!

대개 술은 노인이나 늙은 유생과 비슷하여 묵을수록 더욱 귀하다. 처음 술병을 열었을 때가 가장 맛이 있다. 속담에 "술은 맨 위의 것이 좋고 차는 밑에 있는 것이 좋다."고 한 것이 바로 이것이다. 술을 데우는 방법이 제대로 미치지 못하면 차갑고 너무 지나치게 데우면 맛이 변한다. 불을 가까이하면 맛이 변하기 때문에 반드시 물에 중탕을 하고 술기운이 빠지는 곳을 막아야 맛이 있다. 마실 만한 것을 취하여 뒤에 나열해 둔다.

---

23 소흥주 : 절강성絶江省 소흥에서 생산되는 황주黃酒를 이른다.

24 창주 : 산동성山東省 창주滄州에서 생산되는 술을 이른다.

25 심주 : 절강성浙江省 호주湖州에서 생산되는 술을 이른다.

26 천주 : 사천四川에서 생산되는 백주白酒를 이른다.

酒

余性不近酒, 故律酒過嚴, 轉能深知酒味. 今海內動行紹興, 然滄酒之淸,
潯酒之冽, 川酒之鮮, 豈在紹興下哉!

大槪酒似耆老宿儒, 越陳越貴, 以初開罈者爲佳, 諺所謂: "酒頭茶脚"是
也. (頓)[炖]²⁷法不及則涼, 太過則老, 近火則味變, 須隔水炖, 而謹塞其出
氣處才佳. 取可飮者, 開列于後.

2-1. 금단우주

금단²⁸의 우문양 공 집에서 만든 술은 단 것과 떫은 것 두 종류가 있
는데 떫은 것이 맛이 있다. 매우 풍취가 깨끗하고 색은 송화와 비슷하
다. 술맛은 소흥주와 비슷하고 맑고 깨끗함은 소흥주보다 낫다.

一 金壇于酒

于文襄公家所造, 有甜·澁二種, 以澁者爲佳. 一淸徹骨, 色若松花. 其味
略似紹興, 而淸冽過之.

2-2. 덕주노주

덕주²⁹의 노아우盧雅雨³⁰ 전운轉運 집에서 만든 것으로 색은 금단우주

---

27 (頓)[炖] : 저본에는 '頓'으로 되어 있으나, 중화서국과 강소봉황문예출판사 정리본에
   의거하여 '炖'으로 바로잡았다.

28 금단 : 금단현金壇縣을 이른다.

29 덕주 : 산동성山東省 덕주德州를 이른다.

30 노아우(?~?) : 어떤 사람인지 자세하지 않다.

金壇于酒와 같고 맛은 조금 진하다.

一 德州盧酒

盧雅雨轉運家所造, 色如于酒, 而味略厚.

2-3. 사천비통주[31]

비통주는 매우 맑고 깨끗하여 마치 배즙이나 사탕수수즙을 마시는
것 같아 술인지조차 모른다. 다만 사천에서 만 리를 건너와서 맛이 변하
지 않는 것이 드물다. 내가 비통주를 일곱 번 마셔보았는데 양입호楊笠
湖[32] 자사刺史가 뗏목으로 운반해 온 것이 맛이 있었다.

一 四川郫筒酒

郫筒酒, 淸洌徹底, 飮之如梨汁蔗漿, 不知其爲酒也. 但從四川萬里而來,
鮮有不味變者. 余七飮郫筒, 惟楊笠湖刺史木簰上所帶爲佳.

2-4. 소흥주

소흥주는 청렴한 관리와 같아 털끝만큼의 거짓도 허용하지 않기 때
문에 맛이 참되다. 또 명사名士나 연로하고 덕이 높은 사람이 오랫동안
인간 세상에 머물면서 세상의 온갖 일들을 경험한 것처럼 술맛이 깊다.

---

31 사천비통주 : 사천四川 비현郫縣에서 생산되는 술로, 대나무통에서 숙성시킨다.
32 양입호 : '입호笠湖'는 양조관楊潮觀(1712~1791)의 호이다. 자는 굉도宏度이다.

때문에 소흥주는 5년을 묵히지 않으면 마실 수 없고 소흥주에 물을 탄
것도 5년을 묵혀서는 안 된다. 나는 항상 소흥주를 명사라고 부르고, 소
주燒酒를 '무뢰한[光棍]'이라고 부른다.

一 紹興酒

紹興酒, 如淸官廉吏, 不參一毫假, 而其味方眞. 又如名士耆英, 長留人間,
閱盡世故, 而其質愈厚. 故紹興酒, 不過五年者不可飮, 參水者亦不能過
五年. 余常稱紹興爲名士, 燒酒爲光棍.

2-5. 호주남심주

호주남심주는 소흥주와 맛이 비슷하면서 그보다 더 맑고 독하다. 3년
을 묵힌 것이 맛있다.

一 湖州南潯酒

湖州南潯酒, 味似紹興, 而淸辣過之. 亦以過三年者爲佳.

2-6. 상주난릉주

당시唐詩에 "울금향 풍기는 난릉의 맛 좋은 술을 옥 잔에 가득 채우니
호박빛이 도네."[33]라는 구절이 있다. 내가 상주常州[34]를 지나면서 상국相國
유문정劉文定[35]공과 8년 묵은 난릉주를 마셨는데 과연 호박빛이었다. 그
렇지만 맛은 너무 진해서 이보다 맑고 심원한 뜻이 없을 듯하였다.
의흥宜興에는 촉산주蜀山酒가 있어 이 또한 난릉주와 비슷하다. 무석

주無錫酒의 경우 천하제이천天下第二泉³⁶으로 만든 것이니 본래 맛이 훌륭하다. 시정市井 장사꾼들이 조잡하게 만드는 바람에 마침내 순수한 맛이 없어지게 되었으니 매우 애석하다. 맛있는 것도 있다고 듣기는 했지만 아직 마셔본 적은 없다.

一 常州蘭陵酒

唐詩有"蘭陵美酒鬱金香, 玉婉盛來琥珀光"之句. 余過常州, 相國劉文定公飲以八年陳酒, 果有琥珀之光. 然味太濃厚, 不復有淸遠之意矣. 宜興有蜀山酒, 亦復相似. 至于無錫酒, 用天下第二泉所作, 本是佳品, 而被市井人苟且爲之, 遂至澆淳散樸, 殊可惜也. 據云有佳者, 恰未曾飮過.

2-7. 율양오반주³⁷

나는 평소에 술을 마시지 않는다. 그런데 병술년(1766) 율수溧水의 섭비부葉比部³⁸ 집에서 오반주를 16잔이나 마시자, 곁에 있던 사람들이 크게 놀라며 그만 마시기를 권했다. 나는 취해 비틀거릴 지경이었는데도 손에서 잔을 놓을 수가 없었다. 술 빛은 검고 맛은 달콤하면서도 신선

---

33 울금향……도네 : 이백李白의 시 〈객중행客中行〉의 구절이다.

34 상주 : 강소성江蘇省 상주常州를 이른다.

35 유문정 : '문정文定'은 유륜劉綸(1711~1773)의 시호이다. 자는 신함眘涵이고, 호는 승암繩庵이다. 시문에 뛰어났고 저서로 《승암내외집繩庵內外集》이 있다.

36 천하제이천 : 혜산천惠山泉을 이른다. 강소성江蘇省 무석無錫 혜산惠山 기슭에서 있는데 건륭황제 때 '천하제이천'에 봉해졌다.

37 율양오반주 : '율양溧陽'은 강소성江蘇省 상주常州 율양을 이른다. '오반주烏飯酒'는 모새나무(남촉초南燭草, 오반수烏飯樹라고도 함)의 즙으로 지은 쌀밥으로 만든 술이다.

38 섭비부(?~?) : 섭씨 성을 가진 '비부比部'를 이르는데, 어떤 사람인지 자세하지 않다.

하여 입으로는 그 오묘한 맛을 표현할 수가 없다.

들으니 율수溧水의 풍속에 '딸을 낳으면 반드시 술 한 단지를 청정반靑精飯[39]으로 담근다고 한다. 딸이 시집가기를 기다렸다가 이 술을 마시기 때문에 아무리 빨라도 15~16년을 기다려야 한다. 술 단지를 열 때는 반 단지만 남아 있지만 술이 입에 감기고 향기는 집밖에서도 맡을 수 있다.

一 溧陽烏飯酒

余素不飮. 丙戌年, 在溧水葉比部家, 飮烏飯酒至十六杯, 傍人大駭, 來相勸止. 而余猶頹然, 未忍釋手. 其色黑, 其味甘鮮, 口不能言其妙. 據云溧水風俗: 生一女, 必造酒一罈, 以靑精飯爲之. 俟嫁此女, 才飮此酒. 以故極早亦須十五六年. 打甕時只剩半罈. 質能膠口, 香聞室外.

2-8. 소주진삼백주

건륭乾隆 30년(1765)에 내가 소주蘇州의 주모암周慕庵[40] 집에서 술을 마셨는데 술맛이 신선하였다. 술이 입술에 달라붙고 잔을 가득 채워도 흘러넘치지 않았다. 14잔을 마시고 무슨 술인지 몰라 물어보니 주인이 "10여 년 묵은 삼백주三白酒[41]입니다."라고 하였다. 내가 그것을 좋아하자 다음날 다시 한 동이를 보내왔는데, 전혀 맛이 달랐다. 심하다! 세상의 좋

---

39 청정반 : '오미반烏米飯'이라고도 한다. 찹쌀을 모새나무의 즙으로 물을 들인 것으로 색이 검푸르다.

40 주모암 : '모암慕庵'은 주란周鑾(?~?)의 호이다. 화가이다.

41 삼백주 : 절강성浙江省 오진烏鎭에서 찹쌀로 담은 술이다. '삼백三白'은 백면白麵·백수白水·백미白米를 이른다.

은 술을 얻기 어려움이여. 정강성鄭康成[42]이 《주관周官》[43]의 '앙재盎齊'에 "앙盎은 옹옹翁翁하여 오늘날의 백주白酒와 같다."[44]라고 주석하였으니, 아마도 이 술인 듯하다.

一 蘇州陳三白[酒][45]

乾隆三十年, 余飮于蘇州周慕庵家. 酒味鮮美, 上口粘脣, 在杯滿而不溢. 飮至十四杯, 而不知是何酒, 問之, 主人曰: "陳十餘年之三白酒也." 因余愛之, 次日再送一罈來, 則全然不是矣. 甚矣! 世間尤物之難多得也. 按鄭康成《周官》註'盎齊'云: "盎者翁翁然, 如今酇白." 疑卽此酒.

2-9. 금화[46]주

금화주는 소흥의 청주로 떫은맛이 없다. 여정주女貞酒[47]는 단맛이 있고 속된 맛이 없다. 이것도 묵힌 것이 맛있다. 대개 금화 일대의 물이 맑기 때문이다.

一 金華酒

紹興之淸, 無其澁; 有女貞之甜, 無其俗. 亦以陳者爲佳. 蓋金華一路水淸

---

42 정강성 : '강성康成'은 정현鄭玄(127~200)의 자이다.

43 주관 : 《주례周禮》〈천관天官 주정酒正〉의 주석이다.

44 앙은……같다 : 원문은 "盎猶翁也 成而翁翁然蔥白色 如今酇白矣"로 글자의 출입이 있다.

45 [酒] : 저본에는 없으나, 문례文例에 의거하여 '酒' 1자를 보충하였다.

46 금화 : 절강성浙江省 금화金華를 이른다.

47 여정주 : 당광나무를 넣고 담은 술로, 황주黃酒의 한 종류이다.

之故也.

2-10. 산서분주[48]

소주를 마시려면 독한 것이 좋다. 분주汾酒는 바로 소주 중에서 매우 독한 술이다. 내 생각에 소주는 사람 중의 무뢰한이고 고을의 혹독한 아전이다. 무예를 겨루는 누대에서는 무뢰한이 아니고서는 안 되고, 도적을 제거하는 데는 혹독한 아전이 아니고서는 안 되며, 풍한風寒[49]을 몰아내고 체증을 치료하는 데는 소주가 아니고서는 안 된다. 분주汾酒 다음으로 독한 술이 산동山東의 고량주인데, 10년을 보관해두면 술의 빛깔이 녹색으로 변하고 마시면 단맛이 나는데, 이는 무뢰한도 오래되면 성내는 기운이 사라져 서로 사귈 수 있는 것이나 마찬가지이다.

동이수童二樹[50]의 집에서 소주 10근(6ℓ)을 담는 것을 자주 보았는데, 구기자 4냥(150g)·창출蒼朮 2냥(75g)·파극천巴戟天[51] 1냥(37.5g)을 천으로 싸서 1개월을 담갔다가 항아리를 열면 매우 향기롭다. 만약 돼지 머리나 양의 꼬리, 도신육跳神肉[52]과 같은 요리는 소주가 아니면 안 되니 또

48 산서분주 : '분주汾酒'는 산서山西 분양汾陽 행화촌杏花村에 생산되는 술이다.

49 풍한 : 바람이 병의 원인이 되는 풍사風邪와 추위나 찬 기운이 병을 일으키는 한사寒邪를 아울러 이른다.

50 동이수 : '이수二樹'는 동옥童鈺(721~1782)의 자이다. 호는 박암璞巖·이수산인二樹山人이다. 시에 뛰어났고 그가 죽자 원매가 〈동이수선생묘지명童二樹先生墓誌銘〉을 지어주었다.

51 파극천 : Morinda officinalis의 뿌리로 신양腎陽을 보양하고 뼈와 근육을 튼튼하게 하며 풍사風邪를 몰아내고 습사濕邪를 없애는 효능이 있어 음위陰痿, 소복부의 차갑고 통증이 있는 것, 요실금, 자궁이 허하고 냉한 것, 풍한습風寒濕으로 인해 저린 것과, 무릎과 허리가 아픈 것을 치료하는 약재이다.

한 제각기 마땅함이 있다.

一 山西汾酒

旣喫燒酒, 以狠爲佳. 汾酒乃燒酒之至狠者. 余謂燒酒者, 人中之光棍, 縣
中之酷吏也. 打擂台, 非光棍不可; 除盜賊, 非酷吏不可; 驅風寒·消積滯,
非燒酒不可. 汾酒之下, 山東膏粱燒次之, 能藏至十年, 則酒色變綠, 上口
轉甜, 亦猶光棍做久, 便無火氣, 殊不可交也. 常見童二樹家, 泡燒酒十斤,
用枸杞四兩·蒼朮二兩·巴戟天一兩·布紮一月, 開甕甚香, 如喫猪頭·羊
尾·'跳神肉'之類, 非燒酒不可. 亦各有所宜也.

이 밖에 소주蘇州의 여정女貞·복정福貞[53]·원조元燥[54]와 선주宣州의 두
주豆酒[55], 통주通州의 조아홍棗兒紅[56]은 모두 촌스러운 술이다. 참을 수
없을 정도로 심한 것은 양주揚州의 모과주인데 입에 대기만 해도 저속
한 맛이 난다.

此外如蘇州之女貞·福貞·元燥, 宣州之豆酒·通州之棗兒紅, 俱不入流
品, 至不堪者, 揚州之木瓜也, 上口便俗

---

52 도신육 : '도신跳神'은 만주 사람들이 지내는 큰 제사로, 이때 돼지를 제물로 쓴다. 제
   사를 끝마치고 나서 사람들과 썰어서 나누어 먹는 고기를 말한다.

53 복정 : 강소성江蘇省 상숙常熟에서 생산되는 술이다.

54 원조 : 술의 이름이지만, 자세하지 않다.

55 선주의 두주 : '선주宣州'는 안휘성安徽省 무호蕪湖 선주를 이르고, '두주豆酒'는 콩으
   로 만든 술이다.

56 조아홍 : 소주의 일종이다.

중국의 음식디미방

수원식단隨園食單

2022년 6월 15일 초판 1쇄 발행

저자	원매袁枚
번역	박상수朴相水

발행인	전병수
책임 편집	전병수
디자인	배민정
발행	도서출판 수류화개
	등록 제569-251002015000018호 (2015.3.4.)
	주소 세종시 한누리대로 312 노블비지니스타운 704호
	전화 044-905-2248
	팩스 02-6280-0258
	메일 waterflowerpress@naver.com
	홈페이지 http://blog.naver.com/waterflowerpress

ⓒ 도서출판 수류화개, 2022

값 20,000원
ISBN 979-11-92153-04-9(93590)